これからの
AI × WebWriting
AI×Webライティング
本 格 講 座 超効率
ChatGPT/
Gemini/
Copilot 分担術

瀧内 賢【著】

秀和システム

> ※本書は2024年10月現在の情報に基づいて執筆されたものです。
> 本書で取り上げているソフトウェアやサービスの内容は、告知無く変更
> になる場合があります。あらかじめご了承ください。

●注意

(1) 本書は著者が独自に調査した結果を出版したものです。

(2) 本書は内容について万全を期して作成いたしましたが、万一、ご不審な点や誤り、記載漏れなどお気付きの点がありましたら、出版元まで書面にてご連絡ください。

(3) 本書の内容に関して運用した結果の影響については、上記(2)項にかかわらず責任を負いかねます。あらかじめご了承ください。

(4) 本書の全部または一部について、出版元から文書による承諾を得ずに複製することは禁じられています。

(5) 商標
本書に記載されている会社名、商品名などは一般に各社の商標または登録商標です。

はじめに

　近年、人工知能（AI）の進化は目覚ましく、特にWebライティングの分野に革命的な変革をもたらしています。
ChatGPT、Gemini、Copilotといった強力な生成AIツールの登場により、私たちが文章を書き、情報を整理し、創造的なプロジェクトに取り組む方法が根本から再定義されつつあります。

　これらの生成AIツールには、それぞれ特徴があります。OpenAIが開発したChatGPTは、幅広い分野で流暢な文章生成を得意とし、最新のGPT-4oモデルはより高度な理解力と生成能力を持ちます。

　さらに、新しいモデルであるo1は推論能力に優れています。Googleが開発したGeminiは、マルチモーダルな生成AIモデルで、テキスト、画像、音声など異なるデータを学習し、同様に推論が強みです。
　つまり、情報が限定的な中で、一貫性を求める場合は両者とも最適です。

　また、MicrosoftのCopilotは、GPT-4、Dall-E3だけでなく、Codexが入っていた歴史的背景からも、コード補完機能など、主にコーディングや技術的なタスクにおいて強力なサポートを提供します（※ちなみにコード補完機能の検証結果から、Geminiは論外、ChaGPTはまずまず、Copilotはプログラマーに近いコードの返却に加え、実行テストも記載）。

　校正と校閲の能力においても、これらのAIツールは異なる特徴を持っています。
　ChatGPTは文法や表現の修正に優れており、Geminiは文脈を理解した上で修正を提案できます。
　Copilotは特にMicrosoft Office製品との連携が強みです。

GeminiとCopilotがほぼリアルタイムのウェブ検索を活用できる一方、ChatGPTは学習データの制限があるため、最新情報の校閲には制約があります。

　推論能力においても、各AIは異なる強みを持っています。
　Geminiは複雑な問題解決や多角的な分析に優れており、特に科学的な推論で能力を示します。
　ChatGPTは文脈理解と創造性に強みがあり、Copilotはマイクロソフト製品との連携を活かした実用的な推論を得意としています。

　重要なのは、「どのAIが最も優れている」という単純な比較ではなく、各AIの性能が継続的に更新されている条件下で、"特定のタスク"や"状況"によって最適なツールが異なる点です。

　生成AIの活用シーンは多岐にわたります。文章の校正や編集、ファクトチェック、創造的な文章生成、複雑な推論タスクなど、様々です。

　最近では、PerplexityやGensparkなどの検索連携型生成AIも台頭し、リアルタイムの情報を基に回答を生成する能力を持つようになりました。

　特に注目すべきは、Search GPT(一般公開未定)のような新しいプラットフォームの登場です。
　これらのツールは、Googleのような伝統的な検索エンジンの立ち位置を脅かす存在となりつつあります。
　また、検証するなかで、すべての生成AIが検索連携型へと、徐々に近づいていると考えます。

　また、Claudeのような高度な言語処理能力を持つAIも登場し、より複雑で詳細な文章作成や分析が可能になっています。Claudeは、約20万トークンという膨大な文脈を処理できる能力を持ち、長文の自然な日本語表現に優れた性能を発揮します。このことから、校正で力を発揮できます。

現在、我々は生成AIを目的に応じて使い分け、または併用する時代に突入しています。

例えば、初期のアイデア生成にはChatGPTを、詳細な分析にはGeminiを、コード関連のタスクにはCopilotを、そして、高度な情報検索にはPerplexityを使用するといった具合です。

各AIの強みを最大限に活かし、より質の高い成果物を効率的に生み出すことが可能になりました。

AIは私たちの創造性を奪うものではなく、むしろそれを補強し、拡張するツールです。活用することで、私たちは単純作業から解放され、より高次元の思考や創造的な作業に集中することができます。

AIの進化は、Webライティングの世界に革命をもたらしています。

これらのツールを適切に使いこなすことで、私たちは新たなライティングの世界を切り開くことができるでしょう。

同時に、AIの限界を理解し、人間の創造性や批判的思考との適切なバランスを保つことも重要です。

本書が、新たなライティングの可能性を開拓するための指針となれば幸いです。

AIとの協働を通じて、より豊かで創造的な文章表現の世界が広がることを期待しています。

2024年10月

瀧内 賢

目　次

はじめに...3

第1章　本書を読みはじめる前に
生成AIは用途で分ける、または併用する時代へ

1.1 本書の目的...10

1.2 本書で使用する生成AIツールの紹介 15

1.3 生成AIツールを組み合わせるメリットについて 22

1.4 Webライティングにおける効率化の重要性 30

1.5 本書の構成について 38

1.6 準備と心構え：プロンプトについての考え方..........................45

第2章　コンテンツ企画・構成立案
生成AIは戦国時代へ…

2.0 実践に入る前に...60

2.1 アイデア出しはChatGPT 65

2.2 アイデアの拡張・深堀りはChatGPT 72

2.3 ペルソナ設定はChatGPT 79

2.4 キーワード調査は用途・シーンによって異なる 84

2.5 競合分析はChatGPTとGeminiを使い分ける............................90

第3章 コンテンツ構成案作成
骨子をあらかじめ固めるて草案につなげる

3.1 コンテンツの基本原則に基づく構成案作成.................................96

3.2 title と description の作成.................................105

3.3 章立てを提案.................................112

3.4 見出しを提案.................................117

第4章 草稿作成
たたき台をつくる

4.1 草稿作成は ChatGPT と Gemini.................................126

4.2 文体・トーン指定は主に ChatGPT と Gemini.................................133

4.3 校正は ChatGPT または Gemini.................................139

4.4 自然な表現への修正.................................146

4.5 文章全体の整合性保持.................................149

第5章 コーディング
コーディングや校閲などは Copilot

5.1 コーディングなら Copilot.................................154

5.2 Web サイトのパーツをつくる.................................160

5.3 繰り返し作業や定型的なコードの記述（主に Copilot）.................................166

5.4 コーディングのアイデア出しにおける ChatGPT の役割.................................171

第6章 その他の活用方法
創造性を刺激！AIで生まれるオリジナルなWebコンテンツ

6.1 どれを使ったらよいか迷った時の使い分けポイント 178

6.2 テキストから画像生成（ChatGPT、Gemini、Copilot）...................... 187

6.3 SNS投稿文の作成（ChatGPTとGemini）...................... 197

6.4 メールマガジンの執筆（ChatGPTとGemini）...................... 206

6.5 広告コピーの作成（ChatGPTとGemini）...................... 216

第7章 これから流行りそうなAI
次のAIはコレ！知っておきたい注目のAIトレンド

7.1 Claudeの概要と特徴 226

7.2 Claudeの使用実践例 232

7.3 Perplexityの概要と特徴 240

7.4 Perplexityの使用実践例 246

7.5 ClaudeとPerplexityの使い分け 254

索引 258

あとがき 261

著者紹介 263

第 **1** 章

本書を
読みはじめる前に

生成AIは用途で分ける、
または併用する時代へ

1.1

本書の目的

この節の内容

▶ AIツール併用の時代へ
▶ AIツールの特徴を理解し、適切に併用する方法を探る
▶ 各AIツールの強みを活かした効果的な使い分け

● AIは併用する時代へ

近年、人工知能（AI）技術の急速な進歩により、私たちの日常生活やビジネスの様々な場面でAIツールが活用されるようになってきました。特に、自然言語処理の分野では、ChatGPT、Gemini、CopilotなどのAIツールが登場し、Webライティングをはじめとする多くの創造的作業において、効率と品質を大幅に向上させています。

これらのAIツールは、それぞれに独自の特徴や強みを持っており、単一のツールだけでなく、複数のツールを場面に応じて使い分けたり、併用したりすることで、より効果的に成果を得ることができます。本書の目的は、これらの最新AIツールの特徴を理解し、それぞれの長所を活かしながら、適切に併用していく方法を探ることにあります。

▼図1-1-1 各々の生成AIを上手に使い分ける

　現在、私たちは生成AI過多と言っても過言ではない時代に生きています。次々と新しいAIツールが登場し、それぞれが独自の機能や特徴を持っています。このような状況下では、単一のツールに依存するのではなく、状況や目的に応じて適切なツールを選択し、場合によっては複数のツールを組み合わせて使用することが重要になってきています。

　例えば、ChatGPTは幅広い知識を持ち、自然な対話形式でのやり取りが得意です。一方、Geminiは画像認識など優れたマルチモーダルが搭載されており、視覚的な情報と言語を組み合わせたタスクに強みを発揮します。Copilotはプログラミングの支援に特に効果を発揮し、コードの自動生成や補完機能が充実しています。

　これらのツールを適切に組み合わせることで、より効果的なWebライティングが可能になります。例えば、記事の構成やアイデアの生成にはChatGPTを使用し、視覚的な要素の分析や説明にはGeminiを活用するといった具合です。

また、AIツールの併用は、単にタスクの効率化だけでなく、創造性の向上にも寄与します。異なるAIツールからの多様な視点や提案を組み合わせることで、人間の思考の幅を広げ、より独創的なアイデアや表現を生み出すことができます。

●AIツール併用において重要なのは人間の役割

AIツールの併用には注意点もあります。まず、各ツールの特性や限界を十分に理解し、適切に使い分けることが重要です。また、複数のツールを使用することで生じる可能性がある矛盾や不整合を見逃さないよう、人間による適切な監督と編集が不可欠です。

▼図1-1-2　人間は監督や指揮者と同じ役割

更に、AIツールの使用に伴う著作権や倫理的な問題にも十分な注意を払う必要があります。生成されたコンテンツの著作権や責任の所在、個人情報の取り扱いなど、法的および倫理的な観点からの配慮が求められます。

このように、AIツールの併用時代において、重要なのは人間の役割です。AIはあくまでもツールであり、最終的な判断や創造性の源泉は人間にあります。AIツールを効果的に活用するためには、人間の側にも高度なスキル

と知識が求められます。例えば、各AIツールの特性を理解し、適切に使い分ける能力や、AIが生成した内容を批判的に評価し、必要に応じて修正や補完を行う能力が重要になります。

また、AIツールの進化のスピードは非常に速く、常に最新の情報をキャッチアップし、新しいツールや機能を学び続ける姿勢が必要です。同時に、AIに頼りすぎることなく、人間ならではの創造性や感性、倫理観を磨き続けることも重要です。

AIツールの併用は、単にタスクの効率化だけでなく、新たな可能性を開くものでもあります。例えば、異なるAIツールの組み合わせによって、これまでに無い形式のコンテンツ制作や、より精度の高い分析、予測ができるようになるかもしれません。また、AIツール間の連携や統合が進むことで、よりシームレスな作業環境が実現できるようになるかもしれません。

●人間の独自性をスパイスとして加える

一方で、AIツールの普及に伴い、情報の均質化や創造性の低下といった懸念も指摘されています。多くの人が同じAIツールを使用することで、似通ったコンテンツが量産される可能性があります。このような状況を避けるためにも、AIツールの出力をそのまま使用するのではなく、人間の独自の視点や経験を加えて、オリジナリティのある作品を生み出すことが重要です。

更に、AIツールの併用時代においては、デジタルリテラシーの重要性がより一層高まります。AIが生成した情報の信頼性を適切に評価し、偽情報やバイアスを見分ける能力が求められます。また、AIツールの使用に関する倫理的な判断力も必要となります。

1.1 本書の目的

　教育の分野でも、AIツールの適切な活用方法を学ぶことが重要になってきています。単にAIツールの操作方法を学ぶだけでなく、AIと協調しながら創造的な活動を行う能力や、AIの出力を批判的に評価する能力を育成することが求められます。

　ビジネスの観点からは、AIツールの併用がもたらす競争優位性にも注目する必要があります。適切なAIツールの選択と効果的な併用は、生産性の向上やイノベーションの創出につながり、企業の競争力を高めます。一方で、AIツールへの過度の依存は、独自性や創造性の喪失につながる危険性もあるため、バランスの取れた活用が求められます。

　AIツールの併用時代は、人間とAIの協調の時代でもあります。AIの能力を最大限に活用しつつ、人間ならではの創造性、批判的思考、倫理的判断力を発揮することで、より豊かで効率的な社会を実現することができるでしょう。

　結論として、ChatGPT、Gemini、CopilotなどのAIツールは、Webライティングをはじめとする様々な分野で革新的な可能性を秘めています。これらのツールを適切に併用することで、効率性と品質の向上が期待できます。しかし、その一方で、人間の役割や責任がより重要になることを忘れてはいけません。AIツールの特性を理解し、適切に使い分け、人間ならではの創造性や倫理観を発揮することで、AIとの共生を実現し、新たな価値を創造していくことが求められています。

　この「AIを併用する時代」は、技術の進歩と人間の能力の融合によって、この新しい時代の波に乗り、シーンや用途によって、AIツールを賢く活用する時代が訪れたのです。

1.2

本書で使用する生成AIツールの紹介

― この節の内容 ―

▶ 生成AIは、それぞれ独自の特性を持つ
▶ 各ツールには長所と短所がある
▶ 生成AIは用途に応じて使い分ける

●生成AIの比較

ChatGPT、Gemini、CopilotなどのAIツールは、それぞれ独自の特性を持ち、様々な用途に活用されています。以下に各ツールの主な特徴と長所・短所を説明します（※以降、原則、無料版での解説となります）。

ChatGPT

OpenAIが開発したChatGPTは、自然言語処理の分野で広く知られています。

ChatGPTは汎用性が高く、アイデア出しから文章生成まで幅広く活用できます。特に、記事の構成作りや初稿の作成に強みがあります。

1.2 本書で使用する生成 AI ツールの紹介

▼図 1-2-1　ChatGPT

■ ChatGPT の活用例

❶ トピックに関する多角的な視点の提案

❷ 記事のアウトラインの作成

❸ キーワードに基づいた本文の下書き生成

■ ChatGPT の長所と短所

長所：

- 幅広いトピックに対応可能な汎用性の高さ
- 自然な対話形式でのやり取り
- 創造的なタスクにも対応

短所：

- 最新情報へのアクセスが限定的
- 時折不正確な情報を生成する可能性がある

Gemini

Googleが開発したGeminiは、マルチモーダル機能を特徴とし、最新の情報を取り込む能力に優れています。トレンドに敏感な記事や、最新のデータを必要とするコンテンツ作成に適しています。

▼図1-2-2　Gemini

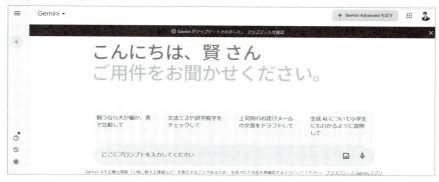

■Geminiの活用例

❶最新のトレンドに関する情報収集

❷データ分析を含む記事の作成支援

❸複雑な概念の説明や図解の生成

■Geminiの長所と短所

長所：

- テキスト、画像、音声など複数の形式のデータを統合的に処理
- 高度な推論能力と問題解決能力
- Googleの検索エンジンとの連携

短所：
- 一部の地域や言語でのサポートが限定的
- 他のAIツールと比較して発展途上の面がある

Copilot

　Microsoftが開発したCopilotは、特にプログラミング支援に優れています。

　Copilotは、Microsoftが開発した強力なAIアシスタントです。ビジネス向けの機能に強みを持ち、ビジネス環境での効率化と生産性向上に重点を置いています。Microsoft製品との統合により、日常的な業務タスクを効率化する強力なツールとなっています。

▼図1-2-3　Copilot

■Copilotの活用例

- 会議の議事録やレポートの下書きを自動生成
- プレゼンテーション資料の作成補助
- Excelデータの分析や問題点の提供
- 複雑なデータセットの視覚化支援

1.2 本書で使用する生成 AI ツールの紹介

- プロジェクトのスケジュール管理
- 大量の文書やメールから必要な情報を抽出
- 長文レポートの要約作成
- プログラミングタスクの支援
- コードのデバッグと改善提案

■ Copilot の長所と短所

長所：

- コード生成や補完機能が優れている
- 開発環境との高度な統合

短所：

- プログラミング以外の用途での汎用性が低い
- コンテキスト理解の限界

次ページの表で、これらの AI ツールの主要な特性を比較します。

1.2 本書で使用する生成 AI ツールの紹介

▼図1-2-4　主要な生成AIの比較

	ChatGPT	Gemini	Copilot
開発企業	OpenAI	Google	Microsoft
特徴	クリエイティブな文章生成	画像認識、翻訳、コード生成など多機能、最新情報へのアクセス	Office 製品との連携、生産性向上
強み	幅広い知識と自然な会話、文章生成	多様なタスクに対応、Google サービスとの連携	Microsoft 製品との連携、コード生成
弱み	最新情報に弱い場合がある、事実誤認の可能性	無料版の制限	無料版の機能制限、特定の製品との連携
用途	チャットボット、文章生成、アイデア出し	情報検索、推論作業、クリエイティブ作業	文書作成、コード生成、プレゼンテーション作成

　AIツールは急速に進化しており、特性や機能が頻繁に更新されることに注意が必要です。使用目的や個人のニーズに応じて、最適なツールを選択することが重要です。

●特筆すべき特徴とは？

　上記の表の内容を、分かりやすく説明します。

開発元と強み

　各AIツールは異なる企業によって開発されています。ChatGPTはOpenAI、GeminiはGoogle、CopilotはMicrosoftが開発しています。各ツールには特徴的な強みがあります。

> **ChatGPT**：幅広い用途に使える汎用性
> **Gemini**：画像や音声など複数の形式のデータを扱える能力
> **Copilot**：プログラミングコードの生成に優れる

言語サポート

ChatGPT、Copilotは多くの言語に対応していますが、Geminiは対応言語が比較的限られています。

最新情報アクセス

GeminiとCopilotは最新情報へのアクセスに優れています。ChatGPTもある程度は可能ですが、最新情報へのアクセスが限定的です。

特殊機能

- **ChatGPT**：創造的なタスクに強い
- **Gemini**：マルチモーダルなデータ処理が得意
- **Copilot**：プログラミングのIDE（統合開発環境）との連携が優れている

これらの特性を理解することで、用途に応じて最適なAIツールを選択できます。

1.3

生成AIツールを組み合わせるメリットについて

この節の内容

▶ AIツールを活用したWebライティングのベストプラクティス
▶ 複数のAIツール併用で、より質の高い記事を効率的に作成できる
▶ 各AIツールの強みを理解し、適材適所で活用することが重要

● AIツールを活用したWebライティングのベストプラクティスとは？

前述のように、各生成AIの強み弱みがあることから、複数ツールを組み合わせることが重要な時代となりました。各AIツールの強みを活かすための使用事例が次の通りです。

例

例1：技術系文章の作成
Geminiで最新情報の確認を行う
↓
その情報をもとにChatGPTでアイデア出しを行う
↓
Copilotで校正する

例2：SEO記事の作成
Geminiを使用して最新のSEOトレンドを把握
↓
ChatGPTで最適化された文章を生成する

このように、複数のツールを組み合わせることで、より質の高い記事を効率的に作成できます。

●AIツールを組み合わせたWebライティングのメリット

AIツールを併用したWebライティングのメリットは多岐にわたり、効率と品質の向上に大きく貢献します。ここでは主なメリットを詳しく解説します。

現代のビジネスや創造的な取り組みにおいて、生成AIをはじめとする様々なAIツールの活用が不可欠となっています。

これらのツールを効果的に使いこなすことは、まるで野球チームを率いる監督のようなものです。

チームには様々な特性を持つ選手たち、つまり異なる機能を持つAIツールが揃っています。監督の仕事は、各選手の長所と短所を理解し、適切な場面で最適な選手を起用することです。同様に、AIツールを活用する際も、各ツールの特性を理解し、適切なシーンで最適なツールを選択することが重要となります。

▼図1-3-1　人間が選手(AI)交代を指示する

例えば、チームには強力な打者（テキスト生成AI）、俊足の走者（画像生成AI）、制球力のある投手（データ分析AI）など、様々な特徴を持つ選手がいます。監督は試合の状況に応じて、これらの選手を適切に起用しなければなりません。

❶ 文章作成のシーン

ここでは、テキスト生成AIという「強力な打者」を起用します。ブログ記事やレポートの作成、アイデアのブレインストーミングなど、文章力が求められる場面で活躍します。監督は、AIに適切なプロンプトを与え、生成された文章を編集・改善する役割を担います。

❷ ビジュアルコンテンツ制作のシーン

画像生成AIという「俊足の走者」が活躍するシーンです。マーケティング素材の作成、製品デザインの発想、アートワークの制作などで力を発揮します。監督は、AIに適切な指示を与え、生成された画像を評価・選別し、必要に応じて修正を加えます。

❸ データ分析のシーン

ここでは、データ分析AIという「制球力のある投手」が登板します。大量のデータから洞察を導き出し、意思決定をサポートする場面で活躍します。監督は、分析の目的を明確に設定し、AIの出力結果を解釈して実際のビジネス戦略に落とし込む役割を果たします。

❹ 顧客対応のシーン

チャットボットAIという「安定した中継ぎ投手」が活躍します。24時間体制での顧客サポートや簡単な問い合わせ対応を担当します。監督は、AIの応答パターンを設計し、複雑な問題や感情的な対応が必要な場合には人間のスタッフに引き継ぐタイミングを見極めます。

❺ 言語翻訳のシーン

翻訳AIという「守備範囲の広い外野手」が活躍します。多言語でのコミュニケーションや文書の翻訳作業を効率化します。監督は、翻訳の質を確認し、文化的なニュアンスや専門用語の適切な使用を確保します。

❻ 音声認識・生成のシーン

音声AIという「多才なユーティリティプレイヤー」が登場します。議事録作成、音声コマンド、テキスト読み上げなど、様々な場面で活用されます。監督は、音声の品質や正確性を確認し、必要に応じて微調整を行います。

これらの例が示すように、AIツールは様々なシーンで強力な能力を発揮します。

●生成AIを使いこなす人間のスキルが最も重要

生成結果において、真の価値を引き出すためには、ユーザーによる適切な指示と使用するツールの判断が不可欠です。役割は以下の点で特に重要です。

❶ 戦略の立案

監督は、チーム（プロジェクトやビジネス）全体の目標を設定し、それを達成するための戦略を立てます。AIツールはその戦略を実行するための強力な武器ですが、大局的な方向性を決めるのは人間の役割です。

❷ 適材適所の配置

各AIツールの特性を深く理解し、最適なシーンで活用することが監督の重要な仕事です。場面に応じて適切なツールを選択し、それぞれの長所を最大限に引き出すことが求められます。

❸ プロンプトエンジニアリング

先述の事例で解説した野球で言えば、選手への指示に当たります。AIに適切な指示（プロンプト）を与えることで、より質の高い出力を得ることができます。監督は、効果的なプロンプトの作成スキルを磨く必要があります。

❹ 品質管理と編集

AIの出力結果は常に完璧とは限りません。ユーザーは、生成された内容を批判的に評価し、必要に応じて編集や修正を加える役割を担います。人間ならではの創造性や倫理的判断が求められる場面も多々あります。

❺ 継続的な学習と改善

技術の進歩は速く、新しいAIツールや機能が次々と登場します。ユーザーは、常に最新の動向をキャッチアップし、チーム（ツールセット）を最適化し続ける必要があります。

❻ チームワークの促進

異なるAIツール間の連携や、AIと人間のチームメンバーとの協働を円滑にするのも監督の仕事です。各ツールの出力を効果的に組み合わせ、全体としての成果を最大化することが求められます。

❼ 倫理的配慮

AIの使用には倫理的な問題が付きまとうことがあります。ユーザーは、AIの利用が法的・倫理的に適切であるか常に注意を払い、必要に応じてガイドラインを設けるなどの対応が求められます。

結論として、AIツールは非常に強力で多様な能力を持つ「選手」ですが、それらを効果的に活用し、真の価値を生み出すためには、人間の「監督」による適切な指揮と判断が不可欠です。

1.3　生成AIツールを組み合わせるメリットについて

　AIと人間がそれぞれの強みを活かし、補完し合うことで、これまでにない創造性と生産性を実現することができるのです。

▼図1-3-2　人間の指示力の下、AIの良しあしを見極める

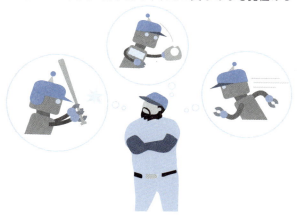

　ユーザーの役割は、単にAIツールを操作することではありません。むしろ、全体の方向性を定め、各ツールの特性を理解し、適切なシーンで最適なツールを選択し、そのポテンシャルを最大限に引き出すことにあります。更に、AIの出力を批判的に評価し、人間ならではの洞察や創造性を加えることで、より高い価値を生み出すことができます。

　AIツールの進化は今後も続くでしょう。しかし、それらを効果的に活用し、真に意味のある成果を生み出すための「監督力」は、ますます重要になっていくはずです。人間とAIのベストな協働を実現するため、私たちは常に学び、適応し、成長し続ける必要があるのです。

● AIの利用シーンや目的について

次のようなシーンや目的での活用イメージを描けるように、事例を示します。

時間と労力の大幅な削減

AIツールを活用することで、記事の下書きや構成を短時間で作成できます。ChatGPTなどのAIは、与えられたトピックに関する情報（アイデア）を瞬時に生成し、人間のライターが更なる編集や洗練を加えるための土台を提供します。これにより、リサーチや初稿作成にかかる時間を大幅に削減できます。

アイデア生成と構成の改善

AIツールは、記事のアウトラインの生成に非常に優れています。Geminiなどのツールを使用すると、特定のトピックに関する多様な視点や切り口を短時間で提案してくれます。これにより、ライターのクリエイティブな思考を刺激し、より魅力的で包括的な記事構成を作り出すことができます。

文章の品質向上

AIツールは、文法やスペルのチェック、文体の一貫性の維持など、文章の基本的な品質向上に役立ちます。特にCopilotなどのツールは、リアルタイムで文章の改善提案を行い、より読みやすく洗練された文章作成をサポートします。

SEO対策の強化

多くのAIツールは、SEO（検索エンジン最適化）を考慮した文章作成をサポートします。キーワードの適切な配置や、検索意図に合致した内容の提案など、SEOに効果的な要素を自動的に組み込むことができます。これにより、検索エンジンでの記事の可視性が向上し、より多くの読者にリーチすることが可能になります。

多言語対応と国際展開

ChatGPTなどの高度なAIツールは、多言語での文章生成や翻訳機能を備えています。これにより、ウェブサイトのグローバル展開や多言語コンテンツの作成が容易になります。一つの言語で作成したコンテンツを、品質を保ちながら他の言語に効率的に展開できるのです。

データ分析と最適化

AIツールは、読者の反応やエンゲージメントデータを分析し、コンテンツの最適化提案を行うことができます。例えば、Geminiのような最新情報を取り入れるAIを使用すると、トレンドや読者の興味に合わせたコンテンツ戦略の立案ができます。

一貫性の維持

大規模なウェブサイトや複数のライターが関わるプロジェクトでは、文体・トーンなどの一貫性を保つことが課題となります。AIツールを活用することで、ブランドの声や特定のスタイルガイドラインに沿った文章を一貫して生成できます。

このように、AIツールを適切に活用することで、Webライティングの効率と品質を大幅に向上させることができます。ただし、AIはあくまでもツールであり、人間のクリエイティビティや専門知識と組み合わせることで最大の効果を発揮することを忘れてはいけません。

1.4
Webライティングにおける効率化の重要性

● この節の内容 ●

▶ 高品質Webコンテンツ制作の効率化に生成AIが有効
▶ AIツールを用途別に活用し、ライティングプロセスを最適化
▶ AI活用時は人間の監督と判断が不可欠

●高品質コンテンツに対する時間と労力について

　Webライティングは、デジタルマーケティングの重要な要素として、企業や個人のオンラインプレゼンスを確立し、顧客とのコミュニケーションを促進する上で欠かせない役割を果たしています。

　そして、高品質なコンテンツを継続的に生産することは、時間と労力を要する作業です。そこで、効率化の重要性が浮き彫りになりますが、生成AIを用途・シーンによって使い分けると、次のように解決することができます。

❶ 時間の節約

　効率的なWebライティングプロセスを確立することで、一つの記事にかかる時間を大幅に削減できます。これにより、より多くのコンテンツを生産したり、他の重要なタスクに時間を割いたりすることが可能になります。

❷ 一貫性の維持

　効率化されたプロセスは、品質の一貫性を保つのに役立ちます。テンプレートやスタイルガイドを活用することで、複数の執筆者がいても統一された型式を維持できます。

❸ コスト削減

時間は金銭に直結します。ライティングプロセスの効率化は、人件費の削減やリソースの最適配分につながり、全体的なコスト削減に寄与します。

❹ クリエイティビティの向上

定型的な作業を効率化することで、ライターはより創造的な側面に注力できます。その結果、より魅力的で独創的なコンテンツの創出につながります。

これはほんの一例ですが、最新のAIツールは、Webライティングの効率化に大きく貢献します。以下、主要なAIツールの強みを活かした活用事例を表形式で比較し、それぞれの活用方法を解説します。

▼図1-4-1　主要生成AIの強みを活かした活用事例

AIの種類	強みを活かした活用事例
ChatGPT	• 自然な対話形式での情報収集と問題解決 • カスタマイズ可能な「GPTs」機能を使った特定業務向けのチャットボットの作成 • 多言語を活かした翻訳や言語学習支援
Gemini	• 高度な推論能力を活用した複雑な問題への回答 • Google検索やGoogleドライブとの連携による効率的な情報収集と分析 • 画像分析などによる要約生成
Copilot	• Microsoft製品との緊密な連携によるオフィス業務の効率化 • プログラミング支援機能を活用したコード生成やデバッグ • ファクトチェックにおける優れた機能

● AIツールを活用した効率的なWebライティングプロセス

ここからは、生成AIツールを併用したWebライティング作業の一部について、用途やシーンごとの考え方やポイントを紹介していきます。

各AIツールの特徴

各AIツールの特徴を的確に捉え、それぞれのタスクに最適なツールを割り当てることが重要です。具体的には、次の評価を前提とします。

ChatGPT：自然言語処理、アイデア生成、文章生成に優れている
Gemini：情報収集、画像生成、キーワード抽出など、幅広いタスクに優れている
Copilot：ファクトチェック、コード生成、技術的な内容の最適化に強みがある

タスクの細分化

「編集と最適化」というタスクは、非常に広範です。ファクトチェック、最新情報の追加、トーン調整といった異なるタスクに、それぞれ最適なツールを割り当てるべきです。例えば、ファクトチェックにはCopilot、トーン調整にはChatGPTといったように使用していきます。

ツールの組み合わせ

必ずしも一つのタスクに一つのツールしか使えないわけではありません。例えば、「アウトライン作成」では、ChatGPTで大まかな構造を生成した後、Geminiでより詳細な構造に洗練させる、といった組み合わせも考えられます。

ツールの限界

各AIツールには、得意な分野と苦手な分野があります。例えば、ChatGPTは創造的な文章生成は得意ですが、事実関係の確認は苦手です。ツールの限界を理解し、その点を補うために人間が関わっていくことも必要です。

1.4 Webライティングにおける効率化の重要性

●編集と最適化の例

- **ファクトチェックと最新情報の追加：** Copilotを使用して、最新の研究論文やニュース記事を検索し、内容の正確性を確認

- **文章のトーンや表現の調整：** ChatGPTに、対象読者や文章の目的を指定し、より適切なトーンや表現に調整してもらう

- **文法や語彙のチェック（校正）：** ChatGPTやGeminiの文章校正機能を利用し、文法ミスや不自然な表現を修正
  ※ちなみに、校閲（ファクトチェック）は、Gemini、Copilot(技術より)が得意です

ケース❶ SEO対策の強化

課題：

- Webサイトの検索エンジンでの表示順位が低い

- ターゲットキーワードに合わせた記事を作成するのが難しい

改善策：

- Geminiで、ターゲットキーワードの関連キーワードを大量に抽出

- ChatGPTで、抽出したキーワードを自然に含む記事のタイトルやメタディスクリプションを生成

- Copilotで、HTMLコードやCSSコードを自動生成し、SEOに最適化されたページ構造を作成

効果：

- 検索エンジンからの流入数が増加

- 特定のキーワードでの検索順位が上昇

1 本書を読みはじめる前に

ケース❷　多言語対応の効率化

課題：

- 海外向けのウェブサイトを作成したいが、多言語化に時間がかかる
- 翻訳の品質が一定でない

改善策：

- ChatGPTを利用して、日本語の記事を英語、中国語など、複数の言語に翻訳
- 自然な表現や意訳が求められる場合は、Geminiで、翻訳された文章の自然さや文法の正確性をチェック
- Copilotで、翻訳された文章をウェブサイトに組み込むためのコードを自動生成

効果：

- 多言語対応にかかる時間とコストを削減
- 高品質な多言語コンテンツを提供

ケース❸　コンテンツの質向上

課題：

- 読者の興味を引くような魅力的な記事を作成するのが難しい
- 最新の情報を記事に反映するのが難しい

改善策：

- Geminiで、最新のトレンドやニュース記事を収集し、記事のネタを探す

- ChatGPTで、読者の興味を引きそうなキャッチーな見出しや導入文を生成
- Copilotで、専門的な用語や統計データを検索し、記事の内容を裏付ける

効果：

- 質の高いコンテンツを短時間で大量に作成
- 読者のエンゲージメント向上

ケース❹ パーソナライズされたコンテンツの提供

課題：

- それぞれのユーザーに合わせたコンテンツを提供したい
- ユーザーの行動データを分析し、最適なコンテンツを表示するのが難しい

改善策：

- Geminiで、Googleから拾ったデータを分析
- ChatGPTで、ユーザーの興味関心に合わせた記事の推薦文を生成
- Copilotで、ユーザーごとにカスタマイズされたWebページを生成

効果：

- ユーザー満足度の向上
- コンバージョン率の向上

その他の事例

ブログ記事の自動生成：ChatGPTで記事の骨子を生成し、Geminiで情報を補完

FAQの作成：ChatGPTでよくある質問と回答を生成

製品説明書の自動作成：Copilotで製品の仕様をもとに説明書を生成

このように、各AIツールの強みを活かしながら、効率的かつ高品質なWebコンテンツを作成することができます。

●効率化における注意点

AIツールはあくまで補助的なものであり、最終的には人間による判断と修正が不可欠です。各プロセスにおいて、人間がどのように関与するのか、もう少し具体的に説明する必要があるでしょう。

▼図1-4-2　AIはあくまでも人間の補助

AIツールを活用した効率化は強力ですが、同時に、以下の点に注意する必要があります。

人間による監督： AIの出力は常に人間がチェックし、必要に応じて編集する必要がある

オリジナリティの維持： 過度にAIに依存すると、コンテンツの独自性が失われる可能性がある

倫理的配慮： AIが生成した内容が倫理的に適切かどうかを確認することが重要

データの保護： 機密情報や個人データをAIツールに入力する際は、セキュリティに十分注意する必要がある

継続的な学習： AIツールは常に進化しているため、最新の機能や使用方法を学び続けることが重要

ChatGPT、Gemini、Copilotなど、各AIツールにはそれぞれ特徴があり、適材適所で活用することが重要です。これらのツールを組み合わせ、人間の創造性と判断力を加えることで、効果的なWebコンテンツ戦略を展開できます。

ただし、AIツールはあくまでも補助的な役割です。AIと人間が適切にバランスを取りながら、常に読者のニーズと品質を最優先に考えることが、成功するWebライティングの鍵となります。

効率化とクオリティの両立を目指し、継続的な学習と改善を重ねることが重要です。

1.5

本書の構成について

● この節の内容 ●

▶ 各章の概要
▶ 本書の特徴
▶ 本書の目的と姿勢

●本書の構成

　本書は、最新のAIツールを活用したWebライティングの効率化と品質
向上に焦点を当てた実践的な構成となっています。ChatGPT、Gemini、
CopilotなどのAIツールを適切に使い分け、組み合わせることで、Webコン
テンツ制作のプロセスを大幅に改善し、より効果的なオンラインプレゼン
スを構築する方法を詳細に解説します。以下に、本書の構成と各章の概要
を詳しく説明します。

第2章　コンテンツ企画・構成立案

　この章では、コンテンツの企画段階から構成立案までのプロセスにおい
て、各AIツールをどのように活用できるかを詳しく解説します。

■アイデア出し

ChatGPT： ブレインストーミングとアイデア展開

プロンプト例：

"Webマーケティングに関する斬新なブログ記事のアイデアを10個提案し
てください。"

Gemini：最新トレンドや統計データの収集

プロンプト例：

"2024年のSEOトレンドについて最新の情報を教えてください。"

■ペルソナ設定

ChatGPT：多様なペルソナの生成

プロンプト例：

"30代の女性会社員で、健康志向が強く、SNSを頻繁に利用するペルソナを作成してください。"

■キーワード調査

ChatGPT：関連キーワードの広範な生成

Gemini：Google検索に最適化されたキーワード分析

■競合分析

ChatGPT：競合サイトの特徴抽出

Gemini：SEO観点からの詳細な競合分析

■コンテンツ構成案作成

Gemini：論理的で検索エンジンに最適化された構成案

第3章　コンテンツ構成案作成

　この章では、具体的なコンテンツ構成の作成プロセスに焦点を当て、各AIツールの特性を活かした効率的な作業方法を解説します。

■コンテンツ構成の基本原則

・読者のニーズと検索意図の理解

・論理的な流れと情報の階層化

・SEO最適化と読みやすさのバランス

1.5 本書の構成について

■ **ツールの最適な使い分け方**

・タスクの性質に応じたAIツールの選択

・複数ツールの組み合わせによるシナジー効果

■ **見出し提案**

Gemini：SEOを考慮した効果的な見出し提案

プロンプト例：

"「初心者向けのWebデザイン入門」というトピックに対して、SEO効果の高い見出し構成を提案してください。"

ChatGPT：クリエイティブな見出しのバリエーション生成

プロンプト例：

"上記の見出し構成に対して、より注目を集めるクリエイティブな表現のバリエーションを5つ提案してください。"

■ **章立て提案**

Gemini：論理的で検索エンジンに最適化された章立て

ChatGPT：長文構造を考慮した詳細な章立て提案

■ **ペルソナに合わせた構成調整**

ChatGPT：ペルソナに基づいた柔軟な構成調整

第4章　草稿作成

　この章では、実際の文章執筆プロセスにおける各AIツールの活用方法を詳しく解説します。

■ **草稿作成**

ChatGPT：多様な文体での初期草稿生成

プロンプト例:

"「ソーシャルメディアマーケティングの基礎」について、カジュアルな口調で500文字程度の記事を書いてください。"

■ 文体・トーン指定

ChatGPT: 多様な文体とトーンの設定と調整

Gemini: ブランドボイスや倫理的配慮を含めた文体調整

■ 校正

Gemini: 文法とスタイルの高度な校正

■ 自然な表現への修正

Gemini: AI生成文特有の不自然さの修正

ChatGPT: 人間らしい表現への洗練

■ 文章全体の整合性保持

Gemini: 論理的一貫性の確保

ChatGPT: 長文における文脈の一貫性維持

第5章 コーディング

　この章では、Webコンテンツに不可欠な視覚要素やコーディングにおけるAIツールの活用方法を解説します。

■ HTML、CSS、JavaScriptなどのコード生成

Copilot: 効率的なコード生成と自動補完

使用例: HTMLの基本構造を自動生成し、CSSでスタイリングを追加

■ Webサイトのデザインや機能の実装

Copilot: 具体的な実装コードの生成

ChatGPT： デザインアイデアやUX改善提案

プロンプト例：

"モバイルフレンドリーなレスポンシブデザインのアイデアを3つ提案してください。"

■ **繰り返し作業や定型的なコードの記述**

Copilot： 定型作業の自動化と効率化

使用例： 複数のHTMLフォーム要素の自動生成

■ **コーディングのアイデア出し**

ChatGPT： 創造的なコーディングアプローチの提案

Gemini： 最新のWeb開発トレンドの調査

■ **プログラミング言語の学習サポート**

Copilot： 実践的なコーディング支援

ChatGPT： プログラミング概念の説明と例示

第6章　その他の活用方法

　この章では、Webライティング以外の関連タスクにおけるAIツールの活用例をご紹介します。

■ **どれを使ったらよいか迷った時の使い分けポイント**

ChatGPT： 安定の文章力に加え音声チャットや新モデルなどさらなる進化

Gemini： 優れたマルチモーダル機能に加え、回答の情報源を表示、Google検索で最新情報にも対応

Copilot： GPTモデルを搭載し、Microsoft Bing使用で最新情報にも対応

1.5 本書の構成について

■テキストから画像生成

ChatGPT：OpenAI開発のDALL·E 3で安定の高品質ビジュアルを生成

Gemini：Imagen 3を導入し、日本語プロンプトに対応

Copilot：Image Creatorに搭載されたDALL·E 3の実力

■SNS投稿文の作成

ChatGPT：プラットフォーム別の最適な投稿文生成

Gemini：最新のソーシャルメディアトレンドの反映

■メールマガジンの執筆

ChatGPT：魅力的な見出しと本文の生成

Copilot：長文メールの構造化と倫理的配慮

■広告コピーの作成

ChatGPT：クリエイティブな広告コピーの生成

Gemini：SEOを考慮した広告テキストの最適化

第7章　これから流行りそうなAI

Claude：より自然な人間との対話力と実装結果を同時に見られるアーティファクト機能

Perplexity：次世代検索ツール、検索機能と文書作成のいいとこどり

　各章では、具体的な使用例やプロンプト例を豊富に掲載し、読者が実際にAIツールを活用できるよう配慮しています。また、各ツールの長所と短所の比較や、使用上の注意点なども随所に挿入し、読者が適切にツールを選択し、使いこなせるようサポートします。

1

本書を読みはじめる前に

●本書の目的と姿勢

　本書の特徴は、単一のAIツールの使用方法を解説するだけでなく、複数のツールを効果的に組み合わせることで、より高品質なWebコンテンツを効率的に制作する方法を提示している点です。ChatGPT、Gemini、Copilotそれぞれの特性を理解し、適材適所で活用することで、Webライティングの質と効率を大幅に向上させることができます。

　更に、AIツールは常に進化し続けているため、最新の機能や使用方法を継続的に学ぶことが重要です。本書の内容を基礎としつつ、読者自身がAIツールの最新動向を確認し、実践を通じてスキルを磨いていくことが必要だと考えます。

　本書を通じて、AIツールを効果的に活用したWebライティングのスキルを習得し、デジタルマーケティングやコンテンツ制作の分野で競争力を高めることができるでしょう。AIとユーザー（人間）が、適切にバランスを取りながら、常に読者のニーズと品質を最優先に考えるWebライティングの新しいアプローチを学ぶことができます。

　最後に、本書は単なる技術解説書ではありません。本書を通して、AIツールを活用しながらも、人間の創造性や批判的思考を重視する姿勢をお伝えしています。

　AIは強力な補助ツールですが、最終的にコンテンツの質を決定するのは人間の洞察力と判断力です。AIと人間の長所を最大限に引き出し、革新的で価値あるWebコンテンツを生み出す力を身につけることを目指しています。

1.6

準備と心構え：
プロンプトについての考え方

1

本書を読みはじめる前に

● この節の内容 ●

▶ 適切と的確の違いについて
▶ プロンプト作成力について
▶ 「知る」と「理解する」の違いについて

●第2章に進む前に

第2章以降では、ChatGPT、Gemini、Copilotなどの生成AIを活用した
Webライティングに焦点を当て、各ツールの特徴や用途別の使い分けを解
説しています。

これらのAIを最大限に活用するためには、「プロンプト（指示文）」と呼
ばれるスキルが前提条件となります。生成AIを上手に活用するためには、
AIに対して的確な指示を与える能力が不可欠であり、そのためにはプロン
プトの作成技術が非常に重要です。

生成AIの進化により、ユーザーはますます効率的にコンテンツを生成でき
るようになりました。しかし、AIに適切なアウトプットを求める際には、入力
されるプロンプトが結果に大きな影響を与えます。AIがどんなに優れた技
術であっても、その能力を引き出すのはユーザーの<u>プロンプト作成力</u>です。

多くの人がプロンプトを作成する際、「適切な言葉」で指示を出そうとし
ます。

しかし、適切であるだけでは不十分です。AIに対しては「的確な言葉」で指示を出すことが重要です。

▼図1-6-1　的確は中心エリア、適切は少し広範囲

上図のように、的確エリアは真ん中にあるピンポイントのエリアに対し、適切エリアについて、的確を含んでいるので概ね間違っていない場合もありますが、大きなエリアのため、入力した言葉次第で生成結果に大きく影響します。

- **適切な言葉**：一般的に正しいとされる表現や用語。状況やコンテキストに応じた表現であるが、必ずしも最も効果的な言葉ではない場合もある。
- **的確な言葉**：その場に最も合った、精密かつ具体的な表現。より目的に応じた最適な言葉を選び、結果として期待通りの応答を得ることができる。

●「的確」と「適切」の違いを理解するためのプロンプト事例

　2つの言葉は似ているようで、AIに指示を出す際には異なる意味を持ちますので、次に事例を示します。

事例1：適切なプロンプト

> SEOに役立つブログ記事の書き方を教えてください。

　このプロンプトは「適切」な指示といえます。質問自体に問題はなく、AIもこの質問に対して答えることは可能です。しかし、何を期待しているかがあまり明確ではないため、AIの回答は一般的で抽象的なものになることが多いでしょう。以下は、このプロンプトに対する応答の一例です。

応答

> SEOに役立つブログ記事を書くためには、まずキーワードリサーチを行うことが重要です。また、読者が興味を持つ内容を提供し、適切なメタデータやリンクを含めることが効果的です。

　この応答は一見正しいものですが、ユーザーが何を具体的に求めているのかが不明確なため、回答も表面的な情報にとどまっています。つまり、「適切」なプロンプトに対してAIは表面的な応答をする可能性が高いのです。

　次に、同じテーマに対して「的確」なプロンプトについて事例を示します。

事例2：的確なプロンプト

> SEO対策を意識した、1000文字以内のブログ記事の構成例と、効果的なキーワードの配置方法について具体的に教えてください。

このプロンプトはより具体的な情報が含まれており、何を期待しているのかが明確に伝わります。その結果、AIはより具体的な回答を生成することができます。以下がこのプロンプトに対するAIの応答です。

応答

> SEOに適したブログ記事の構成例として、まず『イントロダクション』で主題を紹介し、その後に『問題の提起』『解決策の提示』『結論』という流れで記事を展開します。1000文字以内であれば、各セクションは300〜350文字にまとめるのが理想的です。キーワードはタイトルに1回、イントロダクションに1回、本文に2〜3回程度、自然な形で散りばめると効果的です。また、関連キーワードも同時に使用することで、検索エンジンの評価が向上します。

この応答は、具体的で的確なプロンプトによってAIが詳細なアドバイスを提供している例です。ユーザーが何を求めているのかが明確であったため、より実践的で役立つ情報が提供されました。

AIに指示を出す際には、常に「的確」なプロンプトを作成することを心がけるべきですが、以下が的確なプロンプトを作成するためのポイントです。

❶具体性を持たせる

曖昧な言葉や広範なテーマを避け、具体的な情報や条件を提示します。例えば、「記事を書いてください」ではなく、「〜についてのPR記事を書いてください」と明確にします。

❷期待する結果を明示する

AIに何を期待しているかを明確に伝えます。例えば、「記事の書き方を教えてください」ではなく、「SEOに特化したキーワードの効果的な配置方法について、具体例を交えて教えてください」といった形で、期待する結果を

示すことで、AIがより的確な応答を返すことができます。

❸条件や制約を明示する

AIに指示を出す際に、条件や制約を追加することで、AIが具体的な指示をより理解しやすくなります。例えば、「ブログを書いてください」ではなく、「1000文字以内で、健康に関するブログ記事を書いてください」と具体的な文字数やテーマを指定します。

このように、的確なプロンプトは、AIからより深い情報や具体的なアドバイスを引き出すための鍵となります。

●プロンプトにおける3つの観点：「言葉」「形式」「書き方」

プロンプト作成には、主に以下の3つの観点が重要です。

❶言葉

先ほど、適切と的確でも説明しましたので、こちらは省略します。

❷形式

プロンプトの「形式」はAIの応答に大きな影響を与えます。特に、AIに何を求めているかを明確に伝えるために、プロンプトの構造が重要です。例えば、指示とコンテキストを区別するために「###」などの記号を使用して、AIに対して明示的に指示を示すことが推奨されます。これにより、AIが混乱することなくプロンプトを理解し、正確な応答を提供することができるようになります。

❸書き方

プロンプトの「書き方」も結果に影響を与えます。文の順序や語調、さらには表現方法を工夫することで、AIに対してより明確な指示を与えることができます。

1.6 準備と心構え：プロンプトについての考え方

このことについて、詳しく書いてあるWebサイトを2つ紹介します。

▼図1-6-2　Prompt Engineering Guideについて

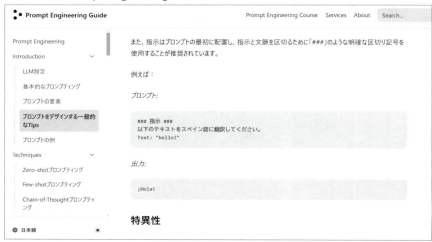

URL https://www.promptingguide.ai/jp/introduction/tips

指示から始める理由としては、英語の語順など関わっているからと推測しています。

▼図1-6-3　DeepL

一文に直した指示の英訳を見ると、指示から始まります。

ちなみに、英語で指示したほうが生成結果は向上するようですが、語順も理由のひとつであると筆者は推測しています。

加えて、OpenAI Platformにもプロンプトの手がかりとなる情報が満載です。

> URL https://platform.openai.com/docs/guides/prompt-engineering/six-strategies-for-getting-better-results

全国に様々な独自プロンプトがありますが、やはりガイドラインを主とした守破離の順で、しっかりと『守』から開始することを推奨したいのです。

そして、このような形式を工夫することで、AIに対して的確な指示を伝えやすくなり、結果的に期待通りの応答が得られます。

ただ、将来的には、AIの進化によって『形式』への依存度は減少すると考えられています。形式にこだわらず、言葉の選び方だけが重要になる時代が来るかもしれません。しかし、殆どの生成AIにおいて現在の技術ではまだ形式も無視できない要素であり、プロンプト作成においては形式と内容の両方に配慮する必要があります。

●時代の流れの変化により

生成AIは日々進化しており、特にChatGPTやGemini、Copilotのようなツールは、より洗練されたリアルタイム情報の生成ができるようになっています。

1.6 準備と心構え：プロンプトについての考え方

▼図1-6-4　生成AIはリアルタイム情報を検出できるような流れに…

　図1-6-4はChatGPTの生成結果ですが、ほぼリアルな情報を生成してくれました。ちなみに、<u>GeminiやCopilotについては完全にリアルな情報</u>を生成してくれました。

　このように生成AIの進化は、昨日の正しい情報は今日の誤った情報といっても過言でないペースで急速な進化を遂げています。

　さらに、PerplexityやGensparkといった高性能な検索機能を持つAIや、安全性と倫理性を重視したな文章生成が持ち味のClaudeも登場し、様々なツールを使い分けることが今後ますます重要になっていくでしょう。

　ただし、どのようなAIツールを使うにしても、ユーザーのプロンプト力が結果を大きく左右します。例えば、ChatGPTは対話型であり、プロンプトに対して柔軟な応答が得られる反面、明確な指示がないと曖昧な回答になることもあります。

　ただし、これをPerplexityで生成した結果が次の通りです。

1.6 準備と心構え：プロンプトについての考え方

プロンプト例

> SEO事業のPR文を作成してください。
> あなたは、福岡市の（株）セブンアイズです。

▼図1-6-5　検索から抽出した結果をもとに生成している

"2008年創業"など、調べないと分からない固有な情報などをもとに生成してくれています。一方、明確な指示の無いChatGPTでは、無難というかありきたりな文章の生成にとどまっています。

このことから、生成AIのツールにおいて、次のことがいえます。

多くの生成AIが検索エンジンの要素を組み入れようと動いているが、使用ツールによっては、まだまだプロンプトの『文脈（背景）』を詳しく記述する必要があるということです。

プロンプト例

> 文脈（背景）：
> あなたは、福岡市の（株）セブンアイズです。
> （株）セブンアイズの視点から書いてください。
>
> セブンアイズは、2008年に創業し、HP制作やSEO事業、SNSコンサルなどを行って・・・・（※続きの情報を詳しく記述する）

なお、先ほどの「図1-6-4 ChatGPTの生成結果」や「図1-6-5 Perplexityの生成結果」などから、Googleなどの検索エンジンの領域に肩を並べるだけでなく、凌駕する存在に近づいてきていると考えることができます。ちなみに、ChatGPTにおいても、SearchGPT（サーチジーピーティー）というツールをリリースしました。

▼図1-6-6　Googleの検索エンジンを脅かす存在が生成AI

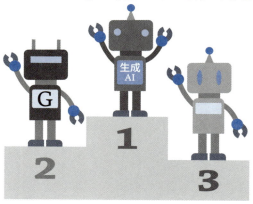

このように、ツールごとの特性を理解しつつ、プロンプトを適切に調整することで、より効果的なAI活用ができるようになります。

●プロンプト力を鍛えるための実践的なアプローチ

プロンプト力を向上させるためには、実際にAIツールを使ってプロンプトを作成し、その結果を評価・改善していくことが大切です。以下に、プロンプト力を鍛えるためのステップをいくつか紹介します。

❶シンプルなプロンプトから始める

最初はできるだけシンプルなプロンプトを作成し、AIの応答を確認します。その後、少しずつ条件を追加し、プロンプトを複雑にしていくことで、AIがどのように反応するかを観察します。

> **URL** hhttps://www.promptingguide.ai/jp/introduction/tips

❷フィードバックを活用する

AIの応答が期待通りでない場合、その理由を考え、プロンプトを修正します。例えば、曖昧な言葉を使っていた場合、具体的な指示に置き換えるなど、フィードバックをもとにプロンプトを改善していきます。

❸他のツールで同じプロンプトを試す

同じプロンプトを異なる生成AIツールで試し、それぞれの違いを比較します。ChatGPT、Gemini、Copilotのようなツールはそれぞれ異なる強みを持っているため、どのツールがどのような状況で効果的かを理解することが重要です。

●これからのAI活用に向けて

生成AIはますます進化し、Webライティングやコンテンツ作成の分野において、さらなる可能性を秘めています。

特に、GeminiやCopilotといったツールは、リアルタイムな情報を提供す

る能力が向上しており、ユーザーはより効率的に情報を取得し、活用することができるようになっています。

しかし、どんなにAIが進化しても、最終的にはユーザーがどのようにプロンプトを作成するかが結果を左右します。AIに対して的確な指示を出すためのプロンプト力を高めることが、成功への鍵です。そして、このプロンプト力で大事なのは、トライ＆エラーを繰り返すことだと考えています。

なぜなら、背景に以下のような理由があるからです。

> **❶情報過多の時代だからこそ…**
> Webをはじめとして、多くの情報がありますが、時には間違った情報が掲載されたままになっています。
> **❷生成AIの進化が速すぎる…**
> 概ねネット情報は合っていると思いますが、時には古い情報が掲載されたままの状態となっています。

そのため、鵜呑みにせず、自分自身で試してみることが重要です。この試すということでリアルタイムな情報を維持することができるのです。

それは、『知る』から『理解する』へのステップアップとなります。

1.6 準備と心構え：プロンプトについての考え方

▼図1-6-7 『知る』と『理解する』の違いについて

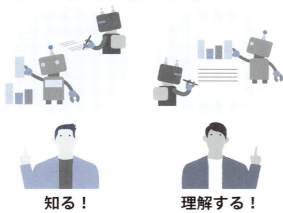

　『知る』はそれぞれの生成AIツールを断片的というか一部の使い方を知っているという段階でとどまっている状態を指しますが、『理解する』はそれぞれの生成AIの特性を理解し、断片的ではなく、組み合わせて併用するという使い方です。

　本書を通じて、一番伝えたいのがこの『知る』から『理解する』へのステップアップです。それでは、第2章以降の実践に進んでください。

第 **2** 章

コンテンツ企画・構成立案

生成 AI は戦国時代へ…

2.0
実践に入る前に

● この節の内容 ●

▶ 生成AI技術は急速に進化するため、評価は定期的に更新する必要がある
▶ AIツールの評価は主観的になりがちなので、客観的な比較が重要
▶ 「天秤.AI」などの比較サイトを活用し、多角的かつ実践的な評価を行うべき

●生成AIの比較と評価における重要な視点

　本節に入る前に、生成AIの比較と評価における重要な視点について触れたいと思います。前章で様々な生成AIツールの特徴や使い分けのポイントなどについて解説してきましたが、ここで一度立ち止まって考える必要があります。

　生成AI技術は日進月歩で進化を続けており、本書で述べた内容も、執筆時点での最新情報に基づいたものです。しかし、AI技術の急速な発展を考えると、ここで示した比較結果や評価が将来にわたって絶対的なものだと断言することはできません。

　私たちが生成AIを評価する際に直面する課題の一つは、その変化の速さと多様性です。各AIプラットフォームは、頻繁にアップデートを行い、新機能を追加したり、既存の機能を改善したりしています。例えば、GPT3.5の登場によってChatGPTの能力が大幅に向上したように、突如として革新的な進歩が起こることもあります。このような急速な変化の中で、特定の

AIツールの評価を固定的に捉えることは適切ではありません。

　また、生成AIの評価には、個人的な経験や主観が入り込む余地があることも認識しておく必要があります。私自身、様々なAIツールを使用してきた経験から、各ツールの特徴や長所、短所について独自の見解を持っています。

　しかし、これらの見解は筆者個人の使用体験や目的に基づいたものであり、必ずしも普遍的な評価とは言えません。異なる背景や目的を持つユーザーにとっては、全く異なる評価になる可能性があるのです。

　更に、AIの性能は使用するプロンプトや文脈によっても大きく変わります。同じAIツールでも、適切なプロンプトエンジニアリングを行うことで、想像以上の成果を上げることができる一方、不適切な使用方法では期待通りの結果が得られないこともあります。このため、単純な比較だけでなく、各ツールの特性を理解し、適切に活用する知識とスキルが重要になってきます。

　これらの要因を考慮すると、生成AIの評価は常に変化し続ける動的なプロセスであると言えます。そこで、私たちが生成AIを効果的に活用し続けるためには、定期的に各ツールの性能を再評価し、最新の情報に基づいて判断を更新していく必要があります。

　このような背景から、本書では「天秤.AI」という生成AI比較サイトの活用を推奨します。もしくは、同種の「Chat Hub」というサイトです。

2.0 実践に入る前に

▼図2-0-1　天秤.AI

🔗URL https://tenbin.ai/

▼図2-0-2　Chat Hub

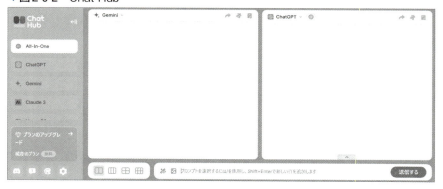

🔗URL https://chromewebstore.google.com/detail/chathub-gpt-4%E3%80%81gemini%E3%80%81clau/iaakpnchhognanibcahlpcplchdfmgma?hl=ja

　天秤.AIは、様々な生成AIツールの性能を客観的に比較・評価するためのプラットフォームです。このサイトを利用することには、以下のような利点があります。

❶ 客観的な評価基準

複数の評価基準（正確性、創造性、応答速度など）に基づいて各AIツールを評価しているため、偏りのない比較が可能です。

❷ 実際のユースケースに基づく検証

具体的なタスクや問題設定に対する各AIツールの性能を比較できるため、自分の目的に最適なツールを選択する際の参考になります。

❸ 比較

自分で設定したプロンプトや評価基準を用いて、独自の比較テストを行うこともできます。

このように、利活用することで、本書で紹介した内容を補完し、常に最新かつ客観的な情報に基づいてAIツールの選択や使用方法を最適化することができます。例えば、既存のツールが大幅なアップデートを行った際には、改めて比較検証を行うことをおすすめします。

また、天秤.AIを使用する際には、以下のようなアプローチを取ることで、より効果的な比較と評価が可能になります。

❶ 明確な目的の設定

比較したいタスクや解決したい問題を具体的に定義します。例えば、「SEO記事の執筆」「技術文書の作成」「創造的な物語の生成」など、用途を明確にすることで、より適切な評価ができるようになります。

❷ 複数の評価基準の使用

単一の基準ではなく、正確性、創造性、応答速度、一貫性など、複数の観点から評価を行います。これにより、各ツールの総合的な性能を把握する

❸ 実際のワークフローを模した比較

　単純なプロンプトだけでなく、実際の業務で使用するような複雑なタスクや一連の作業フローを設定して比較することで、より実践的な評価が可能になります。

❹ 結果の分析と解釈

　比較結果を単に見るだけでなく、なぜそのような結果になったのかを分析し、各ツールの特性や強みを理解することが重要です。

❺ 定期的な再評価

　AIツールの進化は速いため、定期的に同じ比較を行い、性能の変化を追跡することをおすすめします。

　このように、本書の内容を起点としつつも、常に最新かつ客観的な情報に基づいて生成AIツールを選択し、活用することができます。生成AI技術の進化は今後も続くでしょう。その中で、私たちユーザーに求められるのは、固定的な評価にとらわれることなく、柔軟に新しい可能性を探求し、常に最適なツールと使用方法を模索し続ける姿勢です。

　生成AIは私たちの創造性を拡張し、生産性を飛躍的に向上させる能力を秘めています。しかし、その真価を発揮するためには、ユーザーである私たち自身が、AIの特性を深く理解し、適切に使いこなす能力を磨き続ける必要があります。

　次節からは、具体的な生成AIの活用方法や、Webライティングの各プロセスにおける実践的なテクニックについて、詳しく解説していきます。

2.1

アイデア出しはChatGPT

―――― ● この節の内容 ● ――――

▶ ChatGPTを活用したアイデア出しはブレインストーミング
で展開可能
▶ AIアシスタントの利便性：スマートフォンの会話形式で利用
▶ カスタムGPTを使用してマインドマップを作成し、全体像を
把握

●アイデア出し

この章では、コンテンツの企画段階から構成立案までのプロセスにおい
て、各AIツールをどのように活用できるかを詳しく解説します。

中でも本節2.1では、アイデア出しにフォーカスして説明していきます。
Webライティングの世界において、アイデア出しは創造的なプロセスの中
で最も重要な第一歩です。優れたコンテンツは、斬新かつ魅力的なアイデ
アから生まれます。

人間のブレインストーミングセッションでも出てくる可能性があります
が、ChatGPTは瞬時に多数のアイデアを生成してくれます。

ちなみに、ChatGPT、Gemini、Copilotともに、スマートフォンでの会話
形式で使用することができます。

2.1 アイデア出しは ChatGPT

▼図2-1-1　ChatGPTアプリ

●アイデア出しのためのブレインストーミング：ChatGPT を活用した3ターン事例

今回は、AIアシスタントであるChatGPTを活用したブレインストーミングの事例を3ターンにわたってご紹介します。この方法により、人間の創造性とAIの処理能力を組み合わせた、より豊かなアイデア創出ができるようになります。

ターン❶ テーマ設定と初期アイデア

まず、ブレインストーミングのテーマを「環境に優しい都市交通システム」と設定し、ChatGPTに初期アイデアを求めます。

■人間

> 「環境に優しい都市交通システムのアイデアを5つ挙げてください。」

すると、次のように回答してくれました。

▼図2-1-2　スマートフォンでの対話

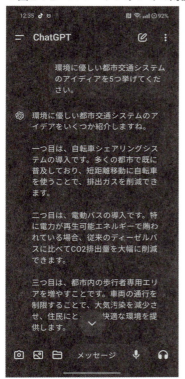

ターン❷ アイデアの深掘り

次に、出されたアイデアの中から1つを選び、更に詳細を探ります。

■人間

「自転車シェアリングシステムについて、具体的な実装方法を3つ提案してください。」

2.1 アイデア出しは ChatGPT

■ ChatGPT

1. ステーションベース型シェアリングシステム
概要: 特定のステーション（駐輪場）に自転車を配置し、利用者は指定されたステーションで自転車を借りて、別のステーションに返却する形式。
実装方法:
主要な駅や繁華街、観光スポットなどにシェア自転車ステーションを設置。
ステーションには自転車の自動ロック装置を設け、スマートフォンアプリやICカードで施錠・解錠を行う。
利用者の予約やステーションの空き状況をリアルタイムで確認できるアプリケーションを開発。

…（以下省略）

ターン❸ 課題の特定と解決策

　実装方法が明確になったところで、想定される課題とその解決策を考えます。

■ 人間

「自転車シェアリングサービスの課題を3つ挙げ、それぞれに対する解決策を提案してください。」

■ ChatGPT

> 自転車シェアリングサービスには様々な課題が存在しますが、以下の3つの主要な課題とそれぞれに対する解決策を提案します。
>
> 1. 違法駐輪や無秩序な駐輪
> 課題: ステーションレス型のシェアリングサービスでは、自転車が街中のあらゆる場所に放置され、歩行者の通行を妨げたり、公共スペースを占拠したりすることがあります。違法駐輪が増加すると、都市の景観や安全性が低下します。
> 解決策:
> 指定駐輪エリアの設置: 市内の主要エリアにシェア自転車専用の駐輪ゾーンを設け、アプリで利用者にその位置を案内する。また、指定エリア外での返却には追加料金や罰金を課す仕組みを導入。
>
> …（以下省略）

　以上の3ターンを通じて、初期アイデアから具体的な実装、課題解決まで、包括的なアイデア展開が可能となりました。

　ChatGPTを活用することで、人間の創造性を刺激しながら、短時間で多角的な視点からアイデアを発展させることができます。

　また、全体像を視覚的に見たいとき、GPTsの中から、図表に直してくれるカスタムGPTを探して使用します。

2.1 アイデア出しはChatGPT

▼図2-1-3　Diagrams ‹Show Me› for Presentations, Code, Excel

プロンプト

下の内容を全て網羅して、マインドマップで描いてください。
日本語で出力してください。

""

【ブレインストーミングの生成結果をここに貼り付ける】

""

これによりできあがったマインドマップが次の通りです。

2.1　アイデア出しはChatGPT

▼図2-1-4　マインドマップ

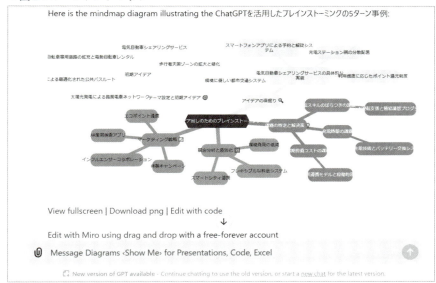

これで全体像を一目で把握することができます。

コンテンツの企画やテーマを検討する際に、この使用方法はおすすめです。

2.2

アイデアの拡張・深堀りは ChatGPT

● この節の内容 ●

▶ ChatGPTでアイデアを広げる
▶ ChatGPTでマーケティング戦略のアイデアを具体化する
▶ AIと人間の協力が重要

●アイデアの拡張・深堀りとは

ChatGPTは、初期のアイデアをもとに、関連する概念や派生アイデアを提案することができます。例えば、「オンライン教育の未来」というトピックから始めた場合、ChatGPTは以下のような拡張アイデアを生成してくれました。

- バーチャルリアリティ（VR）を活用した没入型学習体験
- AI搭載の個別化された学習アシスタント
- ブロックチェーン技術を用いた学歴証明システム
- グローバルなpeer-to-peer学習プラットフォーム
- 脳科学に基づいた最適な学習スケジュール設計

これらの拡張アイデアは、オリジナルのトピックに深みと広がりを与え、より包括的なコンテンツにしてくれます。

ChatGPTは、アイデアの様々な側面を探索するのに役立ちます。人間の思考には限界があり、時として固定観念や先入観に縛られがちです。

しかし、AIは膨大なデータベースと学習モデルをもとに、人間が見落としがちな視点や可能性を提示することができます。これにより、アイデアの潜在的な価値や課題をより包括的に理解することができるようになります。

具体例として、「竹製の歯ブラシ」というアイデアを深掘りする過程を見てみましょう。このアイデアは、環境に配慮した製品開発の文脈で生まれたものかもしれません。しかし、このアイデアを実際の製品に発展させるには、更なる検討と分析が必要です。

● ChatGPTとの対話を通じたアイデアの拡張・深掘りの事例

プロンプト❶ 人間

「竹製の歯ブラシ」というアイデアを持っています。このアイデアを具体的に深掘りしたいので、竹製の歯ブラシの利点と課題をそれぞれ3つずつ挙げてください。

回答❶ ChatGPT

利点：

環境に優しい生分解性素材
竹は自然に分解されるため、廃棄後の環境への影響が少ないです。これにより、プラスチック廃棄物削減に貢献できます。

抗菌性がある
竹には天然の抗菌性があり、バクテリアの増殖を抑える効果があります。これにより、口腔内の健康を保ちやすくなります。

持続可能な資源から作られる
竹は非常に成長が早く、持続可能な形で収穫できるため、環境負荷が少ないです。

課題：
耐久性が従来のプラスチック製より劣る可能性
竹は自然素材であるため、プラスチックに比べて使用寿命が短い可能性があります。これが長期的なコストに影響を与えるかもしれません。

生産コストが高くなる可能性
竹製品の生産はプラスチック製品に比べて手間がかかり、生産コストが高くなることがあります。このコストが消費者価格に反映される可能性があります。

竹の調達と加工の過程での環境負荷
竹の伐採や加工にはエネルギーを要するため、場合によってはその過程での環境負荷が生じる可能性があります。

プロンプト❷ 人間

ありがとうございます。この情報をもとに、竹製の歯ブラシの市場性を探るために、消費者がこの製品にどのような価値を見出すかを理解したいです。どのようなターゲット層にアピールできるか、3つの具体的なセグメントを提案してください。

回答❷ ChatGPT

環境意識の高い消費者
このセグメントは、環境保護に関心があり、エコフレンドリーな製品を積極的に選ぶ傾向があります。竹製の歯ブラシがプラスチック廃棄物を削減し、持続可能な資源から作られているという点は、彼らに強く訴求するでしょう。

健康志向の消費者
竹の抗菌性や化学物質を含まない自然素材という特徴は、健康志向の高い消費者にとって魅力的です。これらの消費者は、口腔内の健康を重視し、安全で自然な製品を求めています。

高品質志向の消費者
生産コストが高くなる可能性は、逆に言えば、竹製の歯ブラシが高品質であるという認識を生むこともできます。デザインや素材の質感にこだわる消費者層には、高級感のある歯ブラシとしてアピールできるでしょう。

プロンプト❸ 人間

ターゲット層が明確になりました。この歯ブラシをより魅力的に見せるためのマーケティング戦略を、心理学的な観点から3つ提案してください。

回答❸ ChatGPT

社会的証明の活用
環境に優しい選択を他の消費者も行っているというメッセージを強調

することで、潜在顧客に「他の人が使っているなら、自分も試してみよう」と思わせる効果が期待できます。例えば、実際のユーザーのレビューやSNSでのシェアを促進し、コミュニティ内での共有を活発にすることが有効です。

フレーミング効果の利用
竹製の歯ブラシを使うことが「損失回避」ではなく「利益獲得」として提示することで、消費者の購買意欲を高めることができます。例えば、「この歯ブラシを使うことで、毎年100本のプラスチック歯ブラシの廃棄を防げます」といった具体的なメリットを提示する方法が考えられます。

コミットメントと一貫性の原理の応用
まずは小さな行動（例えば、竹製の歯ブラシの無料サンプルを提供する）から始め、それが成功すると、消費者はその選択に一貫性を持つようになります。次第に、他のエコフレンドリーな製品の購入へと促すことができます。このような漸進的なアプローチにより、長期的なブランドロイヤリティを築くことができます。

プロンプト❹ 人間

このマーケティング戦略を実施するために、具体的なキャンペーンを企画したいです。予算が限られている場合に、効果的に行えるキャンペーン案を3つ提案してください。

回答❹ ChatGPT

SNSキャンペーン
InstagramやTwitterなどのSNSプラットフォームを活用し、エコフ

レンドリーなライフスタイルを提案するキャンペーンを展開します。ユーザーに対して、竹製の歯ブラシを使った感想をハッシュタグとともに投稿してもらい、抽選でエコ製品が当たるようなインセンティブを設けると効果的です。

地域限定のポップアップイベント
予算が限られている場合は、ターゲット地域に限定してポップアップイベントを開催するのも有効です。竹製の歯ブラシを実際に手に取って体験してもらう場を設け、その場で購入できるようにします。直接的な接触を通じて、製品の良さを訴求することができます。

パートナーシップを活用した共同プロモーション
他のエコフレンドリーなブランドと提携し、互いにプロモーションをサポートすることで、予算を抑えつつ効果的なキャンペーンを展開できます。例えば、竹製の歯ブラシを他のエコ商品とセットで販売することで、消費者に新たな価値を提供しつつ、コストを分担できます。

このように、ChatGPTとの対話を通じてアイデアを拡張し、具体的なマーケティング戦略やキャンペーンにまで発展させることができます。このプロセスを繰り返すことで、初期の漠然としたアイデアが徐々に形となり、実現可能なプランにまで練り上げられていくのです。ChatGPTはあくまでサポート役ですが、視点の広がりや新たなインスピレーションを得るための強力なツールであることが分かります。

●深堀りしたアイデアを完成させるのは人間

ChatGPTを活用してアイデアを深掘りすることで、単なる「竹製の歯ブラシ」という概念から、多角的で実現可能性の高いビジネスアイデアへと発展させることができます。重要なのは、AIが提供する情報やアイデアを鵜呑みにするのではなく、それを出発点として人間の創造性と批判的思考

を組み合わせることです。

　また、このプロセスは一度で完結するものではありません。市場調査やプロトタイプの作成、フィードバックの収集など、様々な段階で再度ChatGPTに質問し、新たな視点や解決策を得ることができます。例えば、「竹製歯ブラシの市場セグメンテーションのアイデアを5つ挙げてください」や「竹製歯ブラシの製造プロセスを最適化する方法を提案してください」といった質問を投げかけることで、更に具体的な戦略立案に役立つ情報を得ることができるでしょう。

　アイデアの深掘りは、創造的なプロセスであると同時に、分析的なプロセスでもあります。ChatGPTのようなAIツールは、この両面でサポートを提供してくれます。創造的な面では、人間が思いつかなかった新しい視点や組み合わせを提案してくれることがあります。分析的な面では、大量の情報を整理し、論理的な思考の枠組みを提供してくれます。

　しかし、最終的な判断と決定は人間が行う必要があります。AIの提案を批判的に評価し、実際の市場ニーズや技術的制約、企業の理念や戦略との整合性を考慮しながら、アイデアを練り上げていくのは人間の役割です。

　また、アイデアの深掘りプロセスでは、多様な視点を取り入れることが重要です。そのため、ChatGPTとの対話だけでなく、チーム内でのブレインストーミングや、異なる背景を持つ人々との議論も積極的に行うべきでしょう。AIと人間の知恵を上手く組み合わせることで、より革新的で実現可能性の高いアイデアを生み出すことができます。
　AIと人間の知恵を上手く組み合わせることで、革新的なアイデアを生み出し、成功へと導くことができるのです。

2.3

ペルソナ設定はChatGPT

この節の内容

▶ ChatGPTは、ペルソナ設定において多様な属性の組み合わせができる

▶ ユーザー体験設計において、具体的で説得力のあるコンテンツを作成できる

▶ 需要に応じたPRが可能になり、マーケティング記事の効果が向上する

●ペルソナ設定について

　ChatGPT、Gemini、Copilotはそれぞれ独自の特徴を持つ強力な生成AIツールですが、ペルソナ設定においては現時点でChatGPTが総合的に優れています。ChatGPTは豊富な知識ベースと柔軟な文章生成能力を活かし、多様で詳細なペルソナを作成することができます。

　しかし、特定の用途や連携機能を重視する場合は、GeminiやCopilotが適している可能性もあります。

　最終的には、ユーザーの具体的なニーズや使用目的に応じて最適なツールを選択することが重要です。また、これらのAIツールは急速に進化しているため、今後の機能更新にも注目する必要があります。

ChatGPTのペルソナ設定における強み

❶豊富な背景情報の生成

❷一貫性のある性格づけ

❸多様な属性の組み合わせ

　一方、Gemini は Google 検索と連携した最新情報の反映に優れ、Copilot は
コーディングや技術的なペルソナ作成に強みがあります。しかし、ペルソ
ナの深みや複雑さを表現する点では、ChatGPT が他の2つを上回ります。

プロンプト例

> 30代後半の女性マーケティング担当者のペルソナを作成してくださ
> い。職歴、趣味、価値観、日常生活の詳細を含めてください。

ChatGPT の回答例

名前: 佐藤 美咲 (さとう みさき)
年齢: 37歳
職業: 大手化粧品メーカーのデジタルマーケティング部門マネー
ジャー

経歴:
- 大学で経営学を専攻し、卒業後は広告代理店に就職
- 28歳で現在の会社に転職し、デジタルマーケティングチームに配属
- 3年前に現在のマネージャー職に昇進

趣味:
- ヨガ (週2回のオンラインクラスに参加)
- 料理 (特に健康的な和食レシピの開発に熱中)
- 旅行 (年に1-2回、海外旅行を楽しむ)

価値観:
- ワークライフバランスを重視
- 環境保護に関心が高く、サステナビリティを意識した生活を心がける
- 自己成長と継続的な学習を大切にする

日常生活:
- 平日は6時に起床し、30分のヨガで一日をスタート
- 出勤前に手作りのスムージーを飲むのが日課
- 通勤時間は電車で45分、この間にポッドキャストでマーケティングトレンドをチェック
- 仕事では主にデジタル広告戦略の立案とチーム管理に従事
- 週に2-3回はリモートワークを活用
- 帰宅後は自炊を楽しみ、週末は友人とのブランチや美術館巡りを楽しむ

美咲さんは、デジタルネイティブ世代とミレニアル世代の狭間で育ち、両者の特徴を併せ持つ。テクノロジーを活用しつつも、オフラインでの人間関係も大切にする。仕事では最新のマーケティングツールを駆使しながら、顧客との真のつながりを重視するアプローチを取る。

　このように、ChatGPTはペルソナの詳細な背景や日常生活、価値観まで含めた包括的な設定を生成できます。これにより、マーケティング戦略やユーザー体験設計において、記事内部にもっともらしい骨太のコンテンツを作成することができます。

●ペルソナを記事に活かす

骨太記事を作っていく上で、ペルソナを含めるとかなり具体的になります。まずは、前述の生成結果を次のように利活用します。

プロンプト

下記文章を要約してください。

ただし、具体的名前は省略してください。

文章：
名前: 佐藤 美咲 (さとう みさき)
年齢: 37歳
職業: 大手化粧品メーカーのデジタルマーケティング部門マネージャー

…(以下省略)

その生成結果に基づいて、一度、要約の指示を出した上で、次のようにプロンプトを書きました。

プロンプト

上記生成結果をもとに求人募集記事を作成してください。

あなたは、マーケティング会社の (株) セブンアイズ求人担当です。
求人担当の視点から書いてください。

その生成結果が次の通りです。

2.3 ペルソナ設定はChatGPT

▼図2-3-1　ペルソナを組み入れた求人募集記事1

> **デジタルマーケティングマネージャー募集のお知らせ**
>
> 株式会社セブンアイズでは、デジタルマーケティング部門で活躍する新たなマネージャーを募集しています。私たちは、常に革新的なマーケティング手法を取り入れ、顧客との真のつながりを築くことを目指しています。あなたもその一員として、セブンアイズの成長に貢献しませんか？
>
> **募集職種:**
> デジタルマーケティングマネージャー　　　↓

▼図2-3-2　ペルソナを組み入れた求人募集記事2

> **求める人物像:**
> - 経営学やマーケティングに関する知識を有し、デジタルマーケティング分野での豊富な実務経験がある方
> - 最新のマーケティングトレンドを常にキャッチアップし、テクノロジーを活用した革新的な施策を提案できる方
> - ワークライフバランスを大切にし、自己成長や継続的な学習に意欲的な方
> - 環境保護やサステナビリティに関心があり、社会的責任を意識した活動に共感できる方
>
> **勤務形態:**
> - フレックスタイム制
> - 週2-3回のリモートワークが可能
>
> **待遇・福利厚生:**
> - 年間休日120日以上
> - 各種社会保険完備　　　↓

求める人物像を見ると、"ワークライフバランス"など、しっかりペルソナが反映されています。そして、次のようなことが言えます。

<u>ペルソナを組み入れる→需要を組み入れる→しっかりPRできる</u>

2.4

キーワード調査は用途・シーンによって異なる

この節の内容

▶ ChatGPTでキーワードアイデアを生成：関連語や派生語を幅広くリストアップ

▶ Geminiでトレンドと検索ボリュームを分析：最新の市場動向や競合情報を確認

▶ 強みを活かした利活用

●キーワード調査における生成AIの活用

キーワード調査は、SEO戦略やコンテンツマーケティングの基盤となる重要なプロセスです。ChatGPT、Gemini、Copilotはそれぞれ独自の特徴を持ち、キーワード調査の様々な側面で活用できます。

ChatGPTの強み

ChatGPTは、自然な対話形式で幅広いアイデアを生成できる点が強みです。キーワードの関連語や派生語を探る際に特に有効です。

■プロンプト例

> "デジタルマーケティング"に関連するキーワードを20個リストアップしてください。

■ 回答例

1. SEO
2. ソーシャルメディアマーケティング
3. コンテンツマーケティング
4. PPC広告
5. メールマーケティング

...(以下省略)

Geminiの特徴

　Geminiは、Googleの検索エンジンと連携しています。解析できる他の Googleツールと比較すると、精度において疑義が生じますが、最新のトレンドや検索ボリュームに関する情報を提供できる可能性があります。これは、競合他社の分析や新しいニッチ市場の発見に役立ちます。

■ プロンプト例

"サステナビリティ"に関する最近のトレンドキーワードを5つ挙げ、それぞれの検索ボリュームの傾向を説明してください。

■ 回答例

1. ESG投資：過去1年で検索ボリュームが50%増加
2. カーボンニュートラル：安定した高い検索ボリュームを維持
3. サーキュラーエコノミー：徐々に検索ボリュームが上昇中

...(以下省略)

Copilotの利点

Copilotは、参照をもとにした分析に定評があります。キーワード調査における分析に優位です。

■プロンプト例

> 指定したキーワードの関連語を取得し、CSVファイルに出力するスクリプトを作成してください。
>
> キーワード：
> スタートアップ
> 資金調達
> ビジネスモデル
> マーケティング
> ネットワーク

▼図2-4-1　回答例

●併用のメリット

　各AIツールの特性を活かした併用が、より効果的なキーワード調査につながります。例えば、ChatGPTでアイデア出しを行い、Geminiで最新トレンドを確認するという流れが考えられます。

　この事例をもとに、料理レシピサイトのSEO最適化におけるAIツールの併用のメリットについて、具体的なキーワード例を用いて詳しく説明します。

❶ ChatGPTの利用

　まず、ChatGPTを開き、以下のようなプロンプトを入力します。

■ プロンプト

> "ヘルシーな鶏胸肉のレシピ"に関連するキーワードを20個リストアップしてください。

■ ChatGPTからの回答例

> 1. 低脂肪鶏胸肉レシピ
> 2. プロテイン豊富な料理
> 3. ダイエット向け鶏肉料理
> 4. 簡単ヘルシーチキン
> 5. 鶏胸肉の低カロリー調理法
> …(省略)…
> 20. 鶏胸肉の蒸し料理

❷ Geminiの利用

次に、ChatGPTで得られたキーワードリストをコピーし、Geminiに貼り付けます。Geminiに以下のようなプロンプトを入力します。

■ プロンプト

> 以下のキーワードリストの中から、最近のトレンドと検索ボリュームについて分析してください。特に注目すべきキーワードを5つ選び、それぞれの傾向を説明してください。
>
> [ChatGPTの回答をここに貼り付ける]

▼図2-4-2　Geminiからの回答例

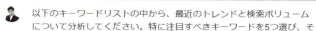

この2つのステップを組み合わせることで、効果的なキーワード調査と分析が可能になります。

❶ ChatGPTでキーワードアイデアを幅広く生成
❷ Geminiで最新のトレンドと検索ボリュームを分析

　各ツールの出力結果を次のツールへの入力として使用することで、一連の作業をスムーズに進めることができます。また、必要に応じて各ステップを繰り返したり、人間の判断を加えたりすることで、より精度の高い分析ができるようになります。

　このように、AIツールを効果的に併用することで、単なるキーワード分析を超えた、戦略的なコンテンツ最適化と新規コンテンツ企画のアイデア創出まで可能になります。これにより、サイトの全体的なSEOパフォーマンスと、ユーザーに対する価値提供の両方を向上させることができるのです。

2.5

競合分析はChatGPTと Geminiを使い分ける

●━━━━━━━━━ この節の内容 ●━━━━━━━━━

▶ ChatGPTで初期調査とアイデア生成を行う
▶ Geminiで詳細な分析を行う
▶ 各ツールを使い分けることで、競合分析を効率化する

● ChatGPTとGeminiの併用戦略

キーワード調査における競合分析は、効果的なSEO戦略を立てる上で不可欠です。ChatGPTとGeminiを効果的に使い分け、併用することで、競合分析の質と効率を大幅に向上させることができるようになりますが、競合分析については、ChatGPT→Geminiがおすすめです。

なぜなら、ChatGPTは複雑な言語理解と生成能力に優れているため、競合分析の初期段階で活用すると効果的です。加えて、基本的な分析を行った後、Googleのデータベースを利用したGeminiを使用して分析を深化させることができます（広くがChatGPT、深くがGeminiの流れです）。

最初はChatGPTから活用し始める

ChatGPTから始める理由としては、以下のような場面で特に有効なためです。

■ 初期調査と概要把握

ChatGPTは、与えられたトピックに関する幅広い情報を迅速に生成できます。競合分析の初期段階で、業界の概要や主要プレイヤーについての基本情報を収集するのに適しています。

■アイデア生成とブレインストーミング

競合他社の潜在的な戦略や市場動向について、多様な視点からのアイデアを生成することができます。これにより、分析の方向性を決める際の参考になります。

■質問応答形式での情報整理

複雑な市場情報を整理する際、ChatGPTとの対話形式で情報を整理していくことで、論理的な構造を持った分析結果を得ることができます。

ただ、それを更に分析する（Google市場を組み入れて深化させる）という場合は、Geminiの方がおすすめです。

●実践的な使用方法と作業フロー

次のような作業フローで行っていきます。

❶ 初期調査（ChatGPT使用）

■プロンプト例

> オーガニック食品市場における主要な競合企業の強みと弱みを5つずつ挙げてください。

■ChatGPTの回答

> オーガニック食品市場における主要な競合企業の強みと弱みは以下の通りです：
>
> 強み：
> 高品質な有機原料の調達ネットワーク

持続可能な生産プロセス
ブランド認知度と顧客ロイヤリティ
多様な製品ラインナップ
厳格な品質管理システム

弱み：
高価格帯による市場の限定
生産量の制限と供給の不安定さ
保存期間の短さ
マーケティングコストの高さ
規制対応のための追加コスト

その後、回答をコピーし、次のステップのために保存します。

❷ 詳細分析（Geminiでの補完）

ChatGPTの回答をGeminiに貼り付けます。

■ プロンプト例

下の競合分析結果をもとに、最新のマーケットデータを用いて、より詳細な分析を行ってください。

【ChatGPTの回答をここに貼り付ける】

■ Geminiの回答

強みの深堀り

高品質な有機原料の調達ネットワーク：
地域特産品との連携：地域の農家との連携を強化し、地域特産品を使っ

> た商品開発を進めているか？
> トレーサビリティ: 消費者が製品の生産履歴をたどれるようなトレーサ
> ビリティシステムを導入しているか？
>
> ...（以下省略）

　この作業フローを通じて、各AIツールの強みを活かしながら、段階的に競合分析を深めていくことができます。必要に応じて、各ステップでの結果を人間がレビューし、追加の質問や修正を行うことで、分析の質を高めることができます。

第 **3** 章

コンテンツ構成案作成

骨子をあらかじめ固めて
草案につなげる

3.1

コンテンツの基本原則に基づく構成案作成

━━━━━━━●　この節の内容　●━━━━━━━

▶ 読者のニーズと検索意図の理解
▶ 論理的な流れと情報の階層化
▶ SEO最適化と読みやすさのバランス

●2つの重要な原則

　この章では、具体的なコンテンツ構成の作成プロセスに焦点を当て、各AIツールの特性を活かした効率的な作業方法を解説します。

　その中でも、本節3.1ではコンテンツの基本原則にしぼって解説していきますが、主に以下の2つの原則に焦点を当てています。

❶読者のニーズと検索意図の理解
❷論理的な流れと情報の階層化

　各原則について、それぞれのAIツールの特性を活かした活用方法や、具体的なプロンプト例を提示しています。これらのAIを適切に組み合わせることで、より包括的で効果的なコンテンツを作成することが目的です。

●❶ 読者のニーズと検索意図の理解

　読者のニーズと検索意図を理解することは、効果的なコンテンツ構成の第一歩です。

先述のように、様々な生成AIの中でも、ChatGPTは自然な対話形式で情報を引き出すのに優れており、読者ペルソナの作成や検索意図の分析に役立ちます。

一方、Geminiは最新の情報を含む広範なデータにアクセスできるため、現在のトレンドや読者の関心事を把握するのに適しています。Copilotは、既存のドキュメントやデータを分析し、読者のニーズに合わせたコンテンツ提案を行うことができます。

プロンプト例(ChatGPT)

> 30代の働く女性向けの健康関連記事を書きたいです。この層の主な関心事と検索キーワードを教えてください。

▼図3-1-1　ChatGPTの回答例

 📝 Memory updated

30代の働く女性向けの健康関連記事を書く際に考慮すべき主な関心事や検索キーワードは、彼女たちが直面しているライフスタイルや仕事のストレス、健康維持の難しさに関連するものが多いです。以下の関心事と関連する検索キーワードを参考にできます。

主な関心事:

1. **仕事と家庭のバランス**: 忙しい生活の中で、家事や育児、仕事の両立が難しく、ストレスが増えがちです。
2. **ストレス管理**: 仕事や人間関係のストレスが心身に与える影響に敏感です。
3. **美容と健康の両立**: 美肌や美容、体型維持といった健康美への関心が高いです。
4. **運動不足や肩こり・腰痛**: デスクワークが多いため、肩こりや腰痛に悩む人が多く、手軽にできる運動やストレッチに関心を持っています。
5. **睡眠の質**: 忙しい日々の中で、質の良い睡眠をとることが難しいと感じる人が多いです。
6. **栄養バランスと食事**: 簡単でヘルシーな食事法やサプリメントの活用法に興味を持つことが多いです。

検索キーワード:

- 「30代女性 健康管理」
- 「ストレス解消方法 仕事」
- 「簡単 ストレッチ 肩こり 腰痛」

↓

3.1 コンテンツの基本原則に基づく構成案作成

次に、この結果をGeminiに入力し、最新のトレンドや統計データを追加します。

プロンプト例（Gemini）

以下のトピックについて、2024年の最新トレンドや統計データを追加してください。

【ChatGPTの回答を貼り付ける】

▼図3-1-2　Geminiの回答例

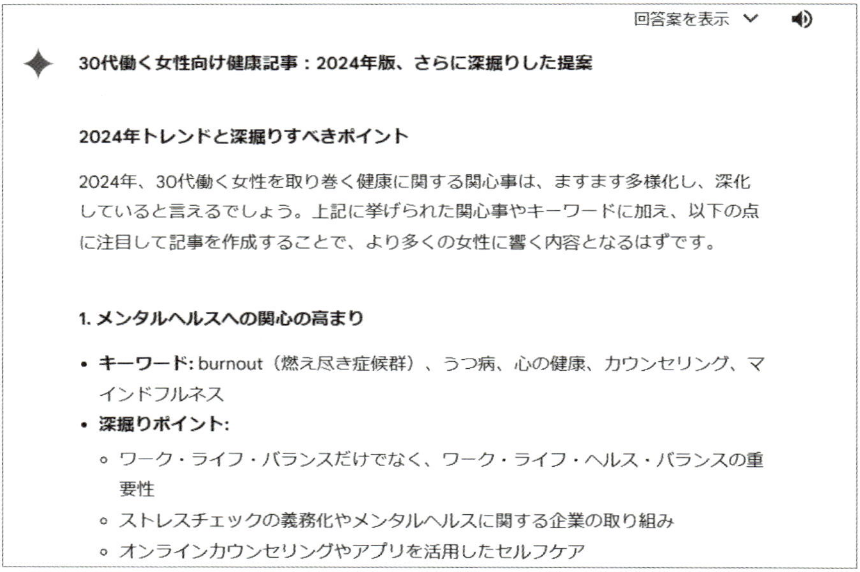

回答案を表示 ∨　🔊

◆ **30代働く女性向け健康記事：2024年版、さらに深掘りした提案**

2024年トレンドと深掘りすべきポイント

2024年、30代働く女性を取り巻く健康に関する関心事は、ますます多様化し、深化していると言えるでしょう。上記に挙げられた関心事やキーワードに加え、以下の点に注目して記事を作成することで、より多くの女性に響く内容となるはずです。

1. メンタルヘルスへの関心の高まり

- **キーワード:** burnout（燃え尽き症候群）、うつ病、心の健康、カウンセリング、マインドフルネス
- **深掘りポイント:**
  ○ ワーク・ライフ・バランスだけでなく、ワーク・ライフ・ヘルス・バランスの重要性
  ○ ストレスチェックの義務化やメンタルヘルスに関する企業の取り組み
  ○ オンラインカウンセリングやアプリを活用したセルフケア

このような手順を踏むことで、より具体的な記事のアイデアを生成できます。このように、コンテンツの基本原則に基づいてAIに生成させることで構成案（骨組み・アウトライン）が浮かび上がり、その後、草案の輪郭が見えやすくなるため、効率よく作業を行うことができます。

●❷ 論理的な流れと情報の階層化

　読者のニーズと検索意図を理解したら、次は論理的な流れと情報の階層化を構築します。ここでも、生成AIを効果的に併用することで、包括的で構造化されたアウトラインを作成できます。

　最初にChatGPTを使ってコンテンツの大まかな構造を作成し、次にその結果をGeminiに入力して詳細化や最新情報の追加を行います。最後に、Copilotを使用して、作成したアウトラインを既存のコンテンツや業界標準と比較し、改善点を見つけることができます。

　まず、ChatGPTを使ってコンテンツの大まかな構造を作成します。

プロンプト例（ChatGPT）

30代働く女性向けの「健康的なライフスタイル」に関する記事の主要セクションを5つ挙げ、各セクションの簡単な説明を加えてください。

ChatGPTの回答例

1. 時短で栄養満点の食事プラン
　- 忙しい毎日でも実践できる、栄養バランスの良い食事のコツと簡単レシピを紹介。

2. デスクワークでもできる健康維持エクササイズ
　- オフィスや自宅で短時間に行える効果的な運動方法を解説。

3. ストレス管理とメンタルヘルスケア
　- 仕事と私生活のバランスを保ちながら、ストレスを軽減する方法を提案。

> 4. 美容と健康を両立するスキンケア習慣
>   - 忙しい日々でも続けられる、効果的なスキンケアルーチンを紹介。
>
> 5. 女性特有の健康問題への対策
>   - 生理不順や更年期症状など、30代女性が注意すべき健康問題とその対策を解説。

次に、この結果をGeminiに入力して詳細化や最新情報の追加を行います。

プロンプト例 (Gemini)

> 以下の各セクションについて、最新の研究や統計を含む3つの小見出しを追加してください。
>
> 【ChatGPTの回答を貼り付ける】

Geminiの回答

> 30代女性のための健康ガイド：各セクションへの追加提案
>
> 1. 時短で栄養満点の食事プラン
>
> ・ミールプレップのすすめ：土日など時間がある時に、一週間分の食事をまとめて調理するミールプレップのメリットと具体的な手順を紹介。
>
> ・コンビニ食の賢い選び方：健康に気をつけながらコンビニ食を選ぶためのポイントと、栄養バランスの取れたコンビニ弁当やサラダの選び方などを解説。

> ・フードデリバリーの活用： 健康的なフードデリバリーサービスの選び方や、自宅で簡単に栄養満点の食事を楽しめるメニューの提案。
>
> …（以下省略）

　最後に、Geminiの回答をCopilotに入力し、既存のコンテンツと比較して改善点を見つけます。

　なぜなら、Copilotは、既存のコンテンツを分析し、改善と一貫性の維持という特定のタスクにおいては、最も適したツールであると言えるからです。詳細な分析能力、コンテキスト理解力が優位です。

プロンプト例（Copilot）

> 以下の記事構成を、SEO最適化と読みやすさの観点から分析し、改善案を提示してください。
>
> 【Geminiの回答を貼り付ける】

Copilotの回答例

> 1. 時短で栄養満点の食事プラン
> 改善案：
>
> キーワードの最適化：「ミールプレップ」「コンビニ食」「フードデリバリー」などのキーワードを各セクションの見出しや本文に自然に散りばめる。
> 内部リンクの追加：関連する他の記事へのリンクを追加し、読者が更に深く情報を探せるようにする。

リスト形式の活用: 具体的な手順やポイントを箇条書きにして、視覚的に分かりやすくする。

2. デスクワークでもできる健康維持エクササイズ
改善案:

視覚的要素の追加: ヨガポーズやエクササイズの写真やイラストを追加し、読者が実践しやすくする。
動画リンクの活用: オフィスヨガやながら運動の動画リンクを追加し、視覚的に学べるコンテンツを提供する。

3. ストレス管理とメンタルヘルスケア
改善案:

専門家の引用: マインドフルネスやアロマセラピーに関する専門家のコメントや引用を追加し、信頼性を高める。
読者の声: オンラインカウンセリングを利用した読者の体験談を追加し、共感を呼ぶ。

4. 美容と健康を両立するスキンケア習慣
改善案:

最新の研究結果: 美肌に関する最新の研究結果やトレンドを取り入れ、読者の関心を引く。
インフォグラフィックの活用: 食生活と肌の関係や睡眠の質と肌の回復について、インフォグラフィックを作成し、視覚的に情報を伝える。

5. 女性特有の健康問題への対策
改善案:

具体的な事例紹介：婦人科検診や漢方薬の活用に関する具体的な事例や成功体験を紹介し、読者に実践を促す。
FAQセクションの追加：よくある質問とその回答を追加し、読者の疑問を解消する。

全体的な改善案
読者層の特定：30代女性の中でも、働く女性、主婦、子育て中の母親など、具体的なターゲット層を明確にする。
最新のトレンド：健康や美容に関する最新のトレンドや研究を取り入れ、記事の新鮮さを保つ。
専門家の監修：医師や栄養士などの専門家の監修を受け、情報の信頼性を高める。
視覚的な要素：図やイラスト、グラフなどを活用し、情報を視覚的に伝える。

（・・・途中省略・・・）

これらの改善案を取り入れることで、SEO効果を高め、読者にとって読みやすく、実践しやすい記事になることが期待できます。

更に、この改善案をもとに、文章上手なChatGPTに実際に書いてもらいます。

プロンプト例（ChatGPT）

下記改善案をもとに、文章を作成してください。

【Copilotの生成結果を貼り付ける】

3.1 コンテンツの基本原則に基づく構成案作成

▼図3-1-3　ChatGPTの生成結果

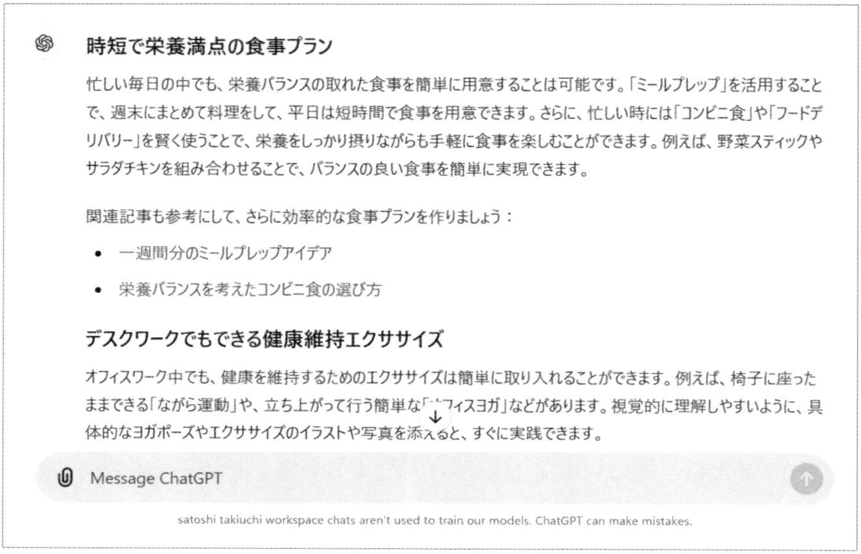

🌀　**時短で栄養満点の食事プラン**

忙しい毎日の中でも、栄養バランスの取れた食事を簡単に用意することは可能です。「ミールプレップ」を活用することで、週末にまとめて料理をして、平日は短時間で食事を用意できます。さらに、忙しい時には「コンビニ食」や「フードデリバリー」を賢く使うことで、栄養をしっかり摂りながらも手軽に食事を楽しむことができます。例えば、野菜スティックやサラダチキンを組み合わせることで、バランスの良い食事を簡単に実現できます。

関連記事も参考にして、さらに効率的な食事プランを作りましょう：

- 一週間分のミールプレップアイデア
- 栄養バランスを考えたコンビニ食の選び方

デスクワークでもできる健康維持エクササイズ

オフィスワーク中でも、健康を維持するためのエクササイズは簡単に取り入れることができます。例えば、椅子に座ったままできる「ながら運動」や、立ち上がって行う簡単な「オフィスヨガ」などがあります。視覚的に理解しやすいように、具体的なヨガポーズやエクササイズのイラストや写真を添えると、すぐに実践できます。

📎　Message ChatGPT　　　　　　　　　　　　　　　　　　　　⬆

satoshi takiuchi workspace chats aren't used to train our models. ChatGPT can make mistakes.

　このように、ChatGPT、Gemini、Copilotを連携させて使用することで、読者のニーズを深く理解し、それに基づいた論理的で階層化された構成を作成できます。各AIの特性を活かしながら、段階的にコンテンツを洗練させていくことで、より質の高い記事を効率的に構築することが可能になります。特に、ChatGPTは"事例などをもとに"方向性を具体的に示すことができれば、かなり有効なツールとなります（※ただし、記事作成において、必ず事例とセットであり、方向性をきちんと示すことで力を発揮できるのがChatGPTです）。

3.2 titleとdescriptionの作成

● この節の内容 ●

- title は SEO の要であり、検索エンジンの評価やクリック率に影響を与える
- description は、ユーザーの興味を引くことが重要
- AI による最適化について

●title(タイトルタグ)の重要性

title(タイトルタグ)は、Webページの重要な要素であり、検索エンジン結果ページ(SERP)やブラウザのタブに表示されるページのタイトルを指定します。このタグは、検索エンジンがページの内容を理解し、ユーザーがクリックするかどうかを判断する際に重要な役割を果たします。

▼図3-2-1　titleは検索結果に表示されるWebサイトのリンク部分

タイトルタグの役割

■検索エンジン最適化（SEO）

タイトルタグは、検索エンジンがページの関連性を評価するための重要な要素です。適切なキーワードを含むことで、検索結果でのランキング向上に寄与します。

■ユーザーのクリック誘導

タイトルタグは、検索結果に表示されるクリック可能なタイトルとして機能し、ユーザーの興味を引くことが求められます。魅力的なタイトルは、クリック率（CTR）を高め、トラフィックを増加させる要因となります。

■ブラウザのタブ表示

タイトルタグは、ブラウザのタブにも表示され、ユーザーが複数のタブを開いている場合に、どのページがどの内容であるかを識別する手助けをします。

titleの注意点：キーワードの使用

各ページのタイトルタグには、ターゲットとするキーワードを含めるべきです。これにより、検索エンジンはページの内容と検索クエリの関連性を理解しやすくなります。

■文字数の制限

タイトルタグは通常24文字以内に収めることが推奨されます。これを超えると、検索結果で切り取られる可能性があります。

■ユニークなタイトル

各ページには独自のタイトルを設定し、ページの内容を正確に反映させることが重要です。また、同じタイトルを複数のページに使用すると、検索エンジンはページの内容を区別しにくくなります。

● AIツールの活用

タイトルタグの最適化は、SEOの重要な要素です。各AIツールはそれぞれ独自の特徴を持ち、タイトルタグ作成に活用できます。

ChatGPT: 創造的なタイトル生成

ChatGPTは、多様な表現や創造的なアイデアを生み出すのに優れています。キーワードを含みつつ、魅力的なタイトルを作成するのに適しています。

■プロンプト例

SEOに効果的な、"タイトルタグ最適化"というキーワードを含む24文字以内のタイトルを3つ生成してください。

■ChatGPTの回答例

1. タイトルタグ最適化で上位表示
2. SEO必須！タイトルタグ最適化
3. タイトルタグ最適化のコツ

Gemini: データに基づく最適化

Geminiは、最新のSEOトレンドやデータ分析に基づいたアドバイスを提供できます。タイトルタグの効果を数値化し、最適な選択をサポートします。

■プロンプト例

ChatGPTが生成した以下のタイトルタグのうち、SEO効果が最も高いと予測されるものを選び、その理由を説明してください。

3.2 title と description の作成

> 【ここに ChatGPT の回答を貼り付ける】

■Geminiの回答例

> SEO必須！タイトルタグ最適化が最も効果的だと予測されます。理由
> は以下の通りです：
> 1. キーワード"タイトルタグ最適化"を含んでいる
> 2. SEO必須！という表現で重要性を強調している
> 3. 24文字以内に収まっている
> 4. ユーザーの関心を引く感嘆符を使用している

併用戦略

> ❶ChatGPTで複数のタイトル案を生成
> ❷生成結果をGeminiに提示し、SEO効果の高いタイトルを選択

　この併用アプローチにより、創造性、データ分析、技術的実装を組み合わせた効果的なタイトルタグ最適化が可能になります。各AIの強みを活かすことで、SEOパフォーマンスの向上が期待できます。

　タイトルタグは、SEOにおいて非常に重要な要素であり、Webページの可視性やクリック率に直接影響を与えます。効果的なタイトルタグの作成は、検索エンジンからのトラフィックを増やすための基本的なステップです。

●descriptionとは

　descriptionは、Webページの内容を簡潔に説明するメタタグの一つです。検索結果のスニペット(タイトル下の説明文)として表示されることが

多く、SEOとユーザー体験の両面で重要な役割を果たします。

descriptionの主な特徴と重要ポイントは以下の通りです。

文字数制限

・PC検索では約100文字前後

・スマホ検索では約50文字前後

前後で表示が切れる可能性があるため、重要な情報は文頭に記載することが推奨されます。

SEO効果

・検索順位にも影響するが、主にクリック率向上に寄与する

・適切なキーワードを含めることで、検索結果での太字表示を促す

記述のポイント

・ページの内容を簡潔に要約する

・ユーザーの興味を引く魅力的な文章にする

・ターゲットキーワードを自然に含める

・他ページとの重複を避ける

HTMLでの設定

以下のようにheadタグ内に記述します。

```
<meta name="description" content="ここにdescriptionの文章が入
ります" />
```

注意点

・常に検索結果に表示されるとは限らない

・Googleが不適切と判断した場合や、ページ内容と一致しない場合は、別

の文章が表示されることがある

　効果的なdescriptionを設定することで、検索結果でのクリック率向上や、ユーザーへの適切な情報提供が期待できます。ページごとに最適化された独自のdescriptionを作成することが重要です。

●使い分けの具体例

　AIを併用することで、より質の高い成果物を得ることができます。以下は併用の一例です。

❶ ChatGPTで初期の文章を生成

■プロンプト

> AIの未来について100字の文章を書いてください。ただし、"AI"と"未来"を文頭付近に設置してください。

❷ 生成された文章をGeminiに入力

■プロンプト

> 以下の文章を最新の技術動向を踏まえて改善してください
>
> 【ChatGPTの出力を貼り付ける】

❸ Geminiの改善版にCopilotで技術的な詳細を追加

■プロンプト

> この文章にAIの具体的な応用例を追加してください。

3.2 title と description の作成

【Geminiの出力を貼り付ける】

❹ 確認する

❸までの時点で100文字前後なのか、文頭にキーワードが入っているかを確認し、指示通りでなければ、再度ChatGPTに指示します。

なぜ、ChatGPTかというと、Geminiには、図3-3-2のように、指示していないにも関わらず、構造化する癖があるからです。

▼図3-2-2　Geminiの結果

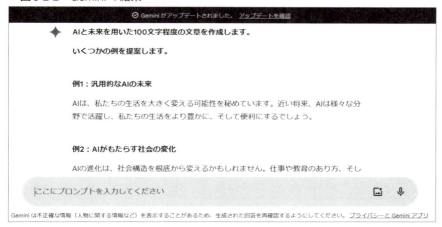

この方法により、ChatGPTの文章力、Geminiの最新情報、Copilotの技術的知識を組み合わせた、より包括的descriptionを作成できます。

各AIの特性を理解し、適切に使い分けることで、生成AIの可能性を最大限に引き出すことができます。状況に応じて単独で使用するか、複数のAIを組み合わせるかを判断し、最適な結果を得ることが重要です。

3.3

章立てを提案

● この節の内容 ●

▶ 章立ては、文書の内容を整理し、論理的に配置するための枠組み

▶ Geminiで章立てを作成し、ChatGPTで補完的な提案を加える

▶ 各AIツールを組み合わせると、効率よく質の高い章立てが作れる

●章立てとは

章立てとは、文書や書籍の構造を整理し、内容を論理的に配置するための枠組みです。主に以下の要素と目的があります。図3-3-1内にある『ソクラテスが一番伝えたかったこと』の部分です。

▼図3-3-1　章立ては『ソクラテスが一番伝えたかったこと』の部分

ソク|ラテスが一番伝えたかったこと ──── 章立て

クラシック

ソクラテスの思いとは...

ソクラテスが一番伝えたかったことは、「無知の自覚」と「魂のケア」の重要性です。

まず、ソクラテスは自分が何も知らないことを認識している点で他人よりも優れていると考えました。彼は「ソクラテスの無知」として知る概念を通じて、人々が自分の無知に気づかず、知っていると思い込んでいることが問題だと指摘しました。彼は、この無知の自覚が知恵まりであり、真の知識を得るための第一歩であると信じていました。

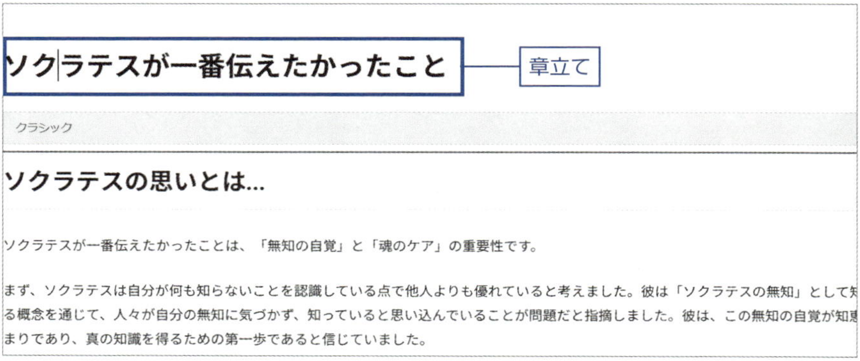

定義：

文書全体を複数の章（チャプター）や節（セクション）に分割し、階層

構造を作ること

目的：

- **情報の整理：** 内容を体系的に整理し、読者が理解しやすくする
- **読みやすさの向上：** 大きなトピックを小さな単位に分割し、消化しやすくする
- **論理的な流れの構築：** アイデアや議論を順序立てて展開する
- **ナビゲーション：** 読者が必要な情報を素早く見つけられるようにする

重要性：

- **執筆プロセスの効率化：** 自身が内容を組織化しやすくなる
- **読者の理解促進：** 情報の構造が明確になり、内容把握が容易になる
- **参照の簡便化：** 特定の情報へのアクセスが容易になる

その他、Webライティングでの応用：

- **スキャンしやすさの向上：** 読者が素早く必要な情報を見つけられる
- **SEO対策：** 適切な見出し構造はサーチエンジンの評価にも影響する
- **ユーザーエクスペリエンスの向上：** 明確な構造が読者の満足度を高める

　章立ては、文書の「骨格」として機能し、内容の論理的な展開と読者の理解を支援する重要な要素です。特にウェブコンテンツでは、ユーザーの読みやすさと情報アクセシビリティを向上させる上で重要な役割を果たします。

　ここでも、用途や状況に応じて適切なツールを選択したり、複数のツールを組み合わせることで、より効果的な結果を得ることができます。

●章立て提案（主にGemini）

　Geminiは、構造化された情報を生成する能力に優れています。章立ての構築には、Geminiを使用するのが効果的です。以下のようなプロンプトを使用してみます（※指示していなくても構造化する性質があります）。

プロンプト例

以下のテーマで本の章立てを提案してください。各章のタイトルと簡単な説明を含めてください。

テーマ：AIツールを活用した効率的な業務改善

Geminiの回答例

1. AIツールの基礎知識
   - 主要なAIツールの概要と特徴

2. 業務分析とAIツール選定
   - 業務プロセスの分析方法とAIツールの適合性評価

3. チャットボットによる顧客対応の自動化
   - ChatGPTを活用したカスタマーサポートの効率化

4. 文書作成の効率化
   - Copilotを使用したレポートや提案書の作成支援

5. データ分析と意思決定支援
   - Geminiを活用したデータ解析と洞察の抽出

3.3 章立てを提案

...（以下省略）

●補完的な章立て提案

　Geminiが生成した章立てをもとに、ChatGPTを使用して補完的な提案を得ることができます。以下のようなプロンプトを使用します。

プロンプト例

以下の章立てをもとに、補完的な章や節を提案してください。特に、実践的な内容や具体的な事例を含める提案をお願いします。

【Geminiが生成した章立てを貼り付ける】

ChatGPTの回答例

1. AIツール活用の成功事例
   - 様々な業界におけるAIツール導入の実例と成果

2. AIツールの組み合わせ戦略
   - 複数のAIツールを連携させた相乗効果の創出

3. AIツールのカスタマイズと拡張
   - 業務に特化したAIモデルの構築とファインチューニング

...（以下省略）

　一例の手法にすぎませんが、これにより、GeminiとChatGPTの強みを組み合わせて、より包括的で実用的な章立てを作成できます。Geminiの構造

化された提案をベースに、ChatGPTの創造的な補完を加えることで、バランスの取れた内容構成が可能になります。

　このように、各AIツールの特性を理解し、適切に組み合わせることで、より質の高い成果物を効率的に作成することができます。

3.4

見出しを提案

● ● ● ● ● この節の内容 ● ● ● ● ●

- ▶ 見出しの役割はWebページの構造を定義し、内容を整理すること
- ▶ 見出しと章の関係として、階層構造や内容整理、SEO効果に関連する
- ▶ 複数のAIツールを活用し創造的な見出しを生成

●見出しの役割と特徴

Webサイトにおいて、「見出し」と3.3で前述した「章」には密接な関係がありますが、いくつかの重要な違いがあります。

見出しは、Webページの構造を定義し、内容を整理する重要な要素です。図3-4-1にある『ソクラテスの思いとは…』の部分です。

▼図3-4-1　見出し部分は『ソクラテスの思いとは…』

ソクラテスが一番伝えたかったこと

クラシック

ソクラテスの思いとは... ─────── 見出し

ソクラテスが一番伝えたかったことは、「無知の自覚」と「魂のケア」の重要性です。

まず、ソクラテスは自分が何も知らないことを認識している点で他人よりも優れていると考えました。彼は「ソクラテスの無知」として知る概念を通じて、人々が自分の無知に気づかず、知っていると思い込んでいることが問題だと指摘しました。彼は、この無知の自覚が知恵まりであり、真の知識を得るための第一歩であると信じていました。

---

3 コンテンツ構成案作成

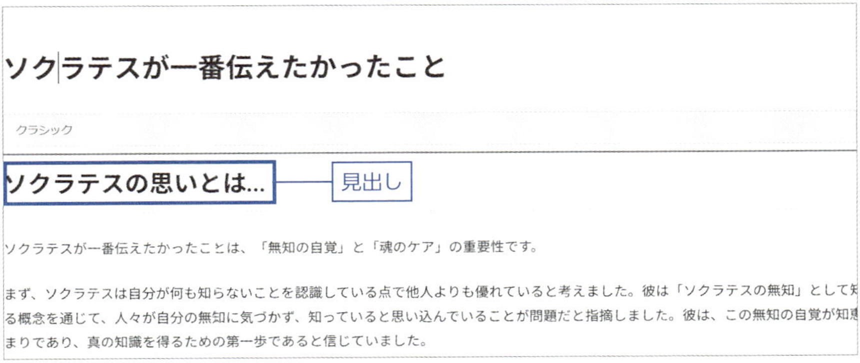

主な特徴

- HTMLのh1〜h6タグで表現される
- ページの階層構造を示す
- 読者が内容を素早く把握するのに役立つ
- SEO上重要な要素となる
- 通常20文字以内の簡潔な文章で表現される

●章の役割と特徴（おさらい）

章は、コンテンツの大きな区分けを表し、複数の見出しを含むことがあります。

主な特徴

- 関連するトピックをまとめる大きな単位
- 複数の見出しや段落を含む
- ページの論理的な構造を形成する

見出しと章の関係

- **階層構造**：章は通常h1やh2レベルの見出しで始まり、その下に複数の小見出し（h3、h4など）が続くことがある
- **内容の整理**：章は大きなトピックを表し、見出しはその章の中の具体的な内容を示す
- **ユーザビリティ**：適切に構成された章と見出しは、読者がコンテンツを理解しやすくし、必要な情報を素早く見つけられるようにする

3.4 見出しを提案

> ● **SEO効果：**見出しタグは検索エンジンに重要視されるが、章立ても全体的な文書構造を示すことでSEO効果に寄与する

適切な章立てと見出しの使用は、Webサイトの構造を明確にし、ユーザーエクスペリエンスとSEOの両方を向上させる重要な要素です。

●見出し提案（主にGemini）

各生成AIはそれぞれ独自の特徴を持ち、ユーザーのニーズに応じて選択や併用が可能です。中でも見出し提案の分野では、Geminiの能力が際立っています。

Geminiは、コンテキストを理解し、魅力的で効果的な見出しを提案する能力に優れています。例えば、ブログ記事のアウトラインを提供すると、Geminiは記事の内容を把握し、読者の興味を引く見出しを生成します。

プロンプト例

> 以下のブログ記事のアウトラインに基づいて、5つの魅力的な見出しを提案してください。
>
> 1. 自動運転車の現状
> 2. AI搭載家電の普及
> 3. 医療分野でのAI活用
> 4. AIと倫理的問題
> 5. まとめ：AIと共存する未来

Geminiの回答例（一部抜粋）

> 1. "未来を走る：自動運転車が変える私たちの生活"
> 2. "スマートホームの真髄：AI家電が実現する快適な暮らし"
> 3. "命を救うAI：医療革命の最前線"
> 4. "人間とAIの境界線：倫理的ジレンマに直面する社会"
> 5. "AIと共に歩む：テクノロジーが描く明日の世界"

●複数のAIツールを活用した見出し作成プロセス

この手法では、複数のAIツールを組み合わせることで、より多様で創造的な見出しを生成します。各AIの特性を活かしながら、段階的に見出しを改良していくプロセスが特徴です。

ステップ❶ 基本となる見出しの生成

まず、Geminiを使用して基本となる見出しを生成します。

■Geminiへのプロンプト例

> AIの影響について、魅力的な見出しを生成してください。

■Geminiの回答例（一部抜粋）

> "AIが織りなす未来：人間の可能性の再定義"

ステップ❷ ChatGPTによる見出しの拡張

次に、Geminiが生成した見出しをもとに、ChatGPTを使ってより具体的で多様な見出しを作成します。

3.4 見出しを提案

■ ChatGPTへのプロンプト

以下の見出しをもとに、より具体的で魅力的な見出しを3つ提案してください。

"AIが織りなす未来：人間の可能性の再定義"

■ ChatGPTの回答例

1. AI革命で切り拓く未来：人間の創造力と可能性を再定義する新時代
2. AIがもたらす未来のビジョン：人間の限界を超える新たな挑戦
3. AIと共に進化する社会：人間の役割と可能性の再発見

ステップ❸ Copilotによる見出しの融合

最後に、GeminiとChatGPTが提案した見出しを組み合わせて、Copilotを使用して更に新しい見出しを作成します。Copilotは参照資料をまとめることに秀でています。

■ Copilotへのプロンプト

ChatGPTとGeminiが提案した見出しを組み合わせて、新しい魅力的な見出しを2つ作成してください。

ChatGPT提案の見出し：
"""ChatGPTの回答を貼り付ける"""

Gemini提案の見出し：
"""Geminiの回答を貼り付ける"""

■ Copilotの回答例

> 1. AIと人間の共創が描く未来図：可能性を広げる新たなステージ
> 2. AIの進化が変える常識：人間の潜在力を引き出す未来の展望

●実践的な応用例

　この手法は、様々な分野で応用可能です。例えば、テクノロジー関連の
ニュース記事の見出し作成に活用できます。

テーマ例：量子コンピューティングの進展

■ ❶ Geminiの基本見出し

> "量子の世界へ：コンピューティングの新時代"

■ ❷ ChatGPTによる拡張

> "ナノの舞台、宇宙規模の計算：量子コンピューターが解く未解決問題
> "
> "0と1を超えて：量子ビットが書き換える情報処理の常識"
> "シュレーディンガーの猫、ビジネスの虎：量子技術が変革する産業界
> "

■ ❸ Copilotによる融合

> "量子の波に乗る未来：ナノスケールの革命が解き放つ無限の可能性"
> "並行宇宙のアルゴリズム：量子コンピューティングが描く人類の新章
> "

3.4 見出しを提案

この手法を使うことで、単一のAIツールでは生成が難しい、多角的で創造的な見出しを作成することができます。各AIの特性を活かしながら、人間の編集者の視点も加えることで、より魅力的で効果的な見出しを生み出すことができるようになります。

3 コンテンツ構成案作成

第 **4** 章

草稿作成

たたき台をつくる

4.1

草稿作成はChatGPTと Gemini

● この節の内容 ●

▶ 草稿作成の基本：アイデアをまとめる初期作業をAIツールで 効率化

▶ AIツールの使い方：ChatGPTで構成を作り、Geminiで最新 情報を追加

▶ 内容のチェック：Geminiで信頼性を確認し、問題のある部 分を削除

●草稿作成とは

草稿作成とは、文章や記事、レポート、論文などの最終的な成果物を作り 上げる前段階として、主要なアイデアや構造を素早くまとめる作業のこと です。以下に簡単な説明を記します。

草稿作成の基本

草稿作成は、執筆プロセスにおいて重要な最初のステップです。これは、 アイデアを整理し、文章の骨格を形作る段階で、以下のような特徴があり ます。

- **目的**：最終的な文章の基礎となる下書きを作ること
- **内容**：主要な論点、アイデアの概要、大まかな構成
- **形式**：完成度は低くても構わない。箇条書きや短い文章でも可
- **重要性**：
- アイデアを素早く書き留める

126

- 全体の構造を把握する
- 執筆の方向性を定める
● **特徴：**
- 文法や表現の正確さよりも、アイデアの流れを重視
- 自由に書き、後で修正することを前提とする

　草稿作成は、最終的な文章の質を高め、執筆プロセス全体の効率を向上させる重要な役割を果たします。

　この基本を踏まえた上で、AIツールを活用した効率的な草稿作成の方法に進みます。

　ChatGPTは文章構成力に優れ、アイデアの展開に適しています。

　Geminiは最新の情報へのアクセスが可能で、事実関係の確認や最新のトレンドを反映させたい場合に有用です。また、画像認識機能を活用して視覚的な要素を取り入れることもできます。

　Copilotはコーディングのサポートに優れており、技術文書やプログラミング関連の草稿作成に強みがあります。

　これらのツールを併用することで、より充実した草稿を作成できます。例えば以下のような流れが考えられます。

❶ ChatGPTでアウトラインを作成
❷ Geminiで最新情報を追加・更新
❸ 必要に応じてCopilotで技術的な詳細を補完

4.1 草稿作成は ChatGPT と Gemini

■ プロンプト例（ChatGPT）

"AIの倫理的利用"について5つの主要ポイントを含むアウトラインを
作成してください。

■ ChatGPTの回答例（アウトライン：AIの倫理的利用についての主要ポイント）

1. AIの透明性と説明責任

　説明の必要性：AIの決定プロセスがどのように行われたかを明確に
し、ユーザーやステークホルダーに理解可能な形で説明する必要があ
る。

　- アルゴリズムの透明性：開発者は、AIのアルゴリズムがどのように
設計され、トレーニングされたかを公開する義務がある。

2. プライバシーとデータ保護

　- データの収集と利用の透明性：個人データの収集方法とその利用方
法について、ユーザーに明確な説明を提供する。

　- データの保護：AIシステムは、個人データを保護し、無許可のアク
セスから守るための強力なセキュリティ対策を実施するべきである。

...（以下省略）

　このアウトラインは、AIの倫理的利用に関する重要な側面を網羅してお
り、それぞれのポイントは詳細な議論や検討を促すための出発点として機
能します。

次に、このアウトラインをGeminiに渡し、最新の情報や具体例を追加します。

■ プロンプト例（Gemini）

以下のAIの倫理的利用に関するアウトラインに、最新の事例や研究結果を追加してください。

""
ChatGPTの生成結果を貼り付ける
""

■ Geminiの回答

AIの倫理的利用に関するアウトラインへの最新事例と研究結果の追加

1. AIの透明性と説明責任

XAI（Explainable AI）の発展：LIME, SHAPなどのXAI手法が実用化され、より複雑なモデルの解釈が可能に。
因果推論の導入：AIの決定が因果関係に基づいているかを検証することで、より信頼性の高い説明が可能に。
対話型AIの活用：ユーザーがAIの決定に対して質問したり、フィードバックを提供したりできるような対話型インターフェースの開発。

2. プライバシーとデータ保護

合成データの活用：プライバシー保護を目的とした合成データの生成技術が発展し、実データの利用を減らすことが可能に。

> ・・・（途中省略）・・・
>
> など、ご質問があればお気軽にお尋ねください。

　Geminiの回答をもとに、更に草稿を発展させることができます。技術的な詳細が必要な場合は、Copilotを使用してコード例や実装方法を追加することも可能です。

　このように、各ツールの強みを活かして併用することで、より包括的で質の高い草稿を効率的に作成できます。

●草稿の段階でろ過装置にかける

　草稿の段階で、信憑性の有り無しを分類したうえで、その後文章を膨らませると、不純物が混じることが極端に減るため、コンテンツを作成する際に効率が上がります。

　Geminiでは、図4-1-1～3のように、生成結果の最後にある「Google」マークのボタンを押すと、Google検索で類似コンテンツがある場合は緑色でハイライト、記述が異なる可能性がある場合をオレンジ色でハイライトしてくれます。

4.1 草稿作成は ChatGPT と Gemini

▼図 4-1-1　Google マークのボタンを押す

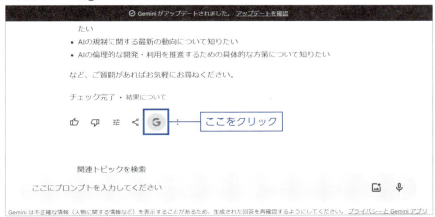

▼図 4-1-2　「結果について」がポップアップされる

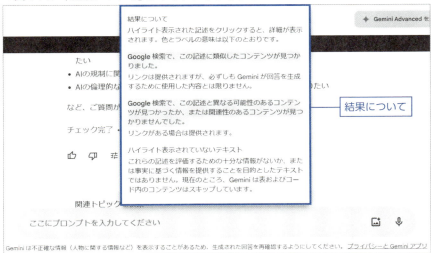

▼図4-1-3　緑が類似でオレンジが異なる可能性があるコンテンツ

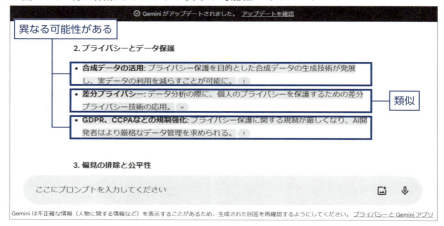

そのため、オレンジ色の部分を省いて、草稿として使用するとよいでしょう。このように、AIの特徴を活かして作業してみてください。

4.2

文体・トーン指定は主に ChatGPTとGemini

この節の内容

▶ ChatGPTはカジュアル、Geminiは簡潔で正確な文体が得意
▶ ChatGPTでアイデアを作り、Geminiでビジネス向けに調整
▶ Geminiの機能として、ボタンひとつで文体を簡単に変えられる

4

草稿作成

●文体・トーン指定

　ChatGPTとGeminiは、それぞれ特徴的な文体とトーンを持つAI言語モデルです。使用目的や状況に応じて、これらを使い分けることで効果的なコンテンツ生成ができるようになります。

　ChatGPTは、フォーマルからカジュアルまで幅広い文体に対応し、人間らしい自然な対話を生成します。特に、親しみやすく柔らかい口調が特徴で、ユーザーとの対話を重視したコンテンツ作成に適しています。

　Geminiは、より簡潔で直接的な文体を採用しています。専門的な内容や事実に基づいた情報提供において、明確さと正確さを重視します。ビジネス文書や技術的な説明など、より形式的なコンテンツ作成に適しています。

　両モデルを併用することで、状況に応じた最適な文体とトーンを選択できます。例えば、顧客との初期対応にはChatGPTの親しみやすさを活用し、詳細な製品説明にはGeminiの簡潔さを利用するといった使い分けが効果的です。

133

4.2 文体・トーン指定は主に ChatGPT と Gemini

ユーザーの意図や対象読者を考慮し、適切な AI モデルを選択することで、より効果的なコミュニケーションが実現できるでしょう。

ちなみに、Copilot は、プログラミング関連の文体に優れており、技術文書やコードコメントの生成に適しています。また、ビジネス向けの文書作成支援も得意としています。

これらの特徴を踏まえ、用途やシーンに応じて適切な AI を選択することが重要です。例えば、多様な文体が必要な一般的な文章作成には ChatGPT を、マーケティング資料の作成には Gemini を、技術文書の作成には Copilot を使用するといった具合です。

● ChatGPT の特徴

ChatGPT は、柔軟な文体調整が可能であり、カジュアルからフォーマルまで幅広いトーンを生成できます。特に、会話形式やストーリーテリングに強みがあります。

プロンプト例

> "持続可能なエネルギー"について、カジュアルなトーンで300文字の紹介文を作成してください。

ChatGPT の回答例

> 持続可能なエネルギーは、私たちの未来を明るく照らす鍵です！太陽光や風力など、自然の力を使って電気を作ることで、環境に優しい生活が実現します。これにより、化石燃料に頼らず、地球を守ることができるんです。さあ、一緒にエコな未来を目指しましょう！

Geminiの特徴

　Geminiは、推論や文脈の理解に優れています。特に、マーケティング資料の作成に向いています。

プロンプト例

> "持続可能なエネルギー"について、フォーマルなトーンで300文字の紹介文を作成してください。

Geminiの回答例

> 持続可能なエネルギーは、企業の持続可能性戦略において重要な要素です。太陽光発電や風力発電などの再生可能エネルギー源を活用することで、環境負荷を軽減し、企業の社会的責任を果たすことが可能です。これにより、長期的なコスト削減とブランド価値の向上が期待されます。

Copilotの特徴

　Copilotは、特に技術文書やプログラミング関連のコンテンツ生成に優れています。コードのコメントや技術的な説明を簡潔にまとめるのが得意です。

プロンプト例

> "持続可能なエネルギー"について、技術者向けに専門的なトーンで300文字の説明文を作成してください。

Copilotの回答例

> 持続可能なエネルギーは、再生可能エネルギー源から生成される電力を指します。太陽光発電、風力発電、バイオマスエネルギーなどが含まれ、これらは化石燃料に依存しないため、温室効果ガスの排出を削減します。これにより、エネルギー供給の安定性と環境保護が両立します。

●併用の事例

これらのAIを併用することで、コアな情報をもとに、様々なシーンに対応したコンテンツを生成することが可能になります。例えば、以下のような流れが考えられます。

❶ChatGPTで初期の文章を生成:カジュアルなトーンで基本的なアイデアを作成する

❷Geminiで文体を調整:生成した文章をビジネス向けに適応させる

❸Copilotで技術的な要素を追加:最後に、専門的な視点からの情報を補完する

具体的な流れの例

■❶ ChatGPTへのプロンプト

> "持続可能なエネルギー"について、カジュアルなトーンで300文字の紹介文を作成してください。

■❷ ChatGPTの回答をGeminiに貼り付け

4.2 文体・トーン指定は主に ChatGPT と Gemini

■ ❸ Gemini へのプロンプト

下記の文をビジネス向けにフォーマルなトーンに変換してください。

【Gemini に貼り付けた文】

■ ❹ Gemini の回答を Copilot に貼り付け

■ ❺ Copilot へのプロンプト

下記の文に、技術的な観点からの情報を5つ追加してください。

【Copilot に貼り付けた文】

このように、各AIの特性を活かして併用することで、用途やシーンに応じた最適なコンテンツを生成することができるのです。文体やトーンの指定を適切に行うことで、より効果的なコミュニケーションが実現します。

●Geminiのボタン機能

Geminiはプロンプトを書かなくても、ボタンひとつで文章の表現を変えることができます。

4

草稿作成

137

4.2 文体・トーン指定は主に ChatGPT と Gemini

▼図4-2-1　回答の再生成ボタン

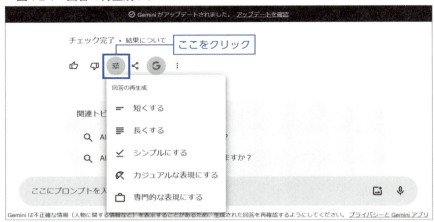

図4-2-1のように、回答の再生成ボタンを押すだけで、表現を変えてくれます。

カジュアルな表現を選択すると、図4-2-2のように表現が変わりました。

▼図4-2-2　カジュアルな表現の変更事例

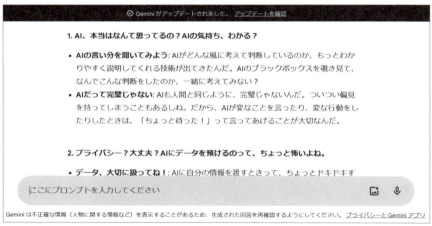

このように、プロンプトではなく、ボタンで変更させることができます。便利ですし、まずは試してみてください。

4.3

校正はChatGPTまたは Gemini

―――● この節の内容 ●―――

▶ ChatGPTは文法とスタイルの校正に優れ、適切な改善案を提示する

▶ Geminiは内容の一貫性や論理性を補完的に校正する

▶ 両者を併用することで、より包括的で質の高い校正が可能

4

草稿作成

●校正について

　文章の校正作業において、複数のAIツールを適切に活用することで、より効率的で質の高い校正ができるようになります。

❶ 文法とスタイルの校正

　文法とスタイルの校正では、ChatGPTが特に優れた性能を発揮します。その豊富な言語モデルと文脈理解能力により、細かな文法ミスや不自然な表現を的確に指摘し、改善案を提示することができます。

■プロンプト例

以下の文章を文法とスタイルの観点から校正し、改善案を提示してください。

原文：私は昨日公園に行った。そこで友達に会って、一緒に遊んだ。とても楽しかったです。

4.3 校正は ChatGPT または Gemini

■ ChatGPTの回答例

校正後の文章：
私は昨日公園に行きました。そこで友達に会い、一緒に遊びました。と
ても楽しい時間を過ごしました。

改善点：
1.「行った」→「行きました」：文末の統一性を保つため、丁寧語に修
正。
2.「会って」→「会い」：接続をスムーズにするため、て形から連用形に
変更。
3.「楽しかったです」→「楽しい時間を過ごしました」：より具体的で
洗練された表現に修正。

❷ 論理的な校正

　論理的な校正では、Geminiの多角的な情報処理能力が役立ちます。
Geminiは、文脈や背景情報を考慮しながら、より広い視点から文章を分析
し、内容の一貫性や論理性を向上させるための提案を行うことができます。

■ プロンプト例

以下の文章を読み、内容の一貫性や論理性を向上させるための補完的
な校正を行ってください。必要に応じて、追加情報や例を提案してくだ
さい。

原文：地球温暖化は深刻な問題です。私たちは環境に配慮した行動を
取るべきです。

4.3 校正は ChatGPT または Gemini

■ Gemini の回答例

補完的な校正後の文章：
地球温暖化は、人類が直面する最も深刻な環境問題の一つです。気温の上昇、海面の上昇、異常気象の増加など、その影響は既に世界中で顕在化しています。このような状況下で、私たち一人一人が環境に配慮した行動を取ることが極めて重要です。例えば、エネルギー効率の良い製品の使用、公共交通機関の利用、リサイクルの推進などが具体的な取り組みとして挙げられます。更に、企業や政府レベルでの大規模な対策も不可欠です。再生可能エネルギーへの転換や森林保護など、長期的かつ包括的なアプローチが求められています。

改善点：
1. 地球温暖化の具体的な影響を追加し、問題の深刻さをより明確に示しました。
2. 環境に配慮した行動の具体例を挙げ、読者が実践できるアイデアを提供しました。
3. 個人レベルの取り組みだけでなく、より大きなスケールでの対策の必要性にも言及し、問題の多面性を示しました。

4

草稿作成

●併用のメリット

ChatGPT と Gemini を併用することで、より包括的な校正ができるようになります。例えば、ChatGPT で文法とスタイルの校正を行った後、その結果を Gemini に入力して補完的な校正を行うという流れが効果的です。

手順例

❶ ChatGPT で文法とスタイルの校正を行う
❷ ChatGPT の出力結果をコピーする

> ❸ Gemini に以下のようなプロンプトとともに貼り付ける
>
> 以下の文章に対して、内容の一貫性や論理性を向上させるための補完的な校正を行ってください。必要に応じて、追加情報や例を提案してください。
> [ChatGPT の出力結果を貼り付け]
>
> ❹ Gemini の提案を参考に、最終的な校正を行う

　この方法により、文法的な正確さと内容の充実度の両方を高めることができます。

　Copilot は、特にコーディングや技術文書の校正において強みを発揮します。プログラミング言語の文法チェックや、技術用語の適切な使用についてのアドバイスを得るのに適しています。

● ChatGPT 拡張機能 editGPT を利用する

　「editGPT」は、ChatGPT を利用するための Google Chrome 拡張機能の1つです。この拡張機能は、ChatGPT の出力を編集したり改善したりするのに役立ちます。

出力の編集

　editGPT を使用すると、ChatGPT が生成した修正部分を直接ブラウザ上で確認できます。これにより、AI の回答を素早く修正したり、必要に応じて調整したりすることができるようになります。

4.3 校正は ChatGPT または Gemini

▼図4-3-1 校正指示の例

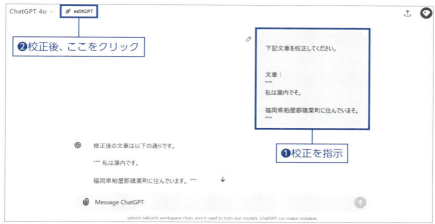

図4-3-1内にある「editGPT」部分をクリックすると、どこを修正したかを示してくれます。

4.3 校正は ChatGPT または Gemini

▼図4-3-2 修正箇所が一目で分かる

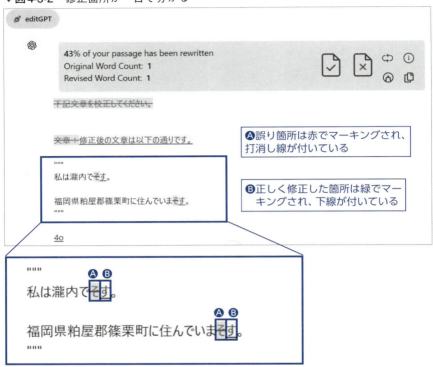

Ⓐ誤り箇所は赤でマーキングされ、打消し線が付いている

Ⓑ正しく修正した箇所は緑でマーキングされ、下線が付いている

ちなみに、editGPTを利用する際は、Google検索などでWebサイトを立ち上げます。

▼図4-3-3 editGPT

4.3 校正は ChatGPT または Gemini

　その後、「chromeに追加」の青いボタンを押して、ポップアップされた「拡張機能を追加」ボタンを押すと使用することができます。

　editGPTは、ChatGPTの利用をより効率的かつ柔軟にするための便利なツールです。特に、AIの出力を頻繁に編集したり、特定のフォーマットに変換したりする必要がある場合に有用です。無料ですし、ぜひ試してみてください。

4.4

自然な表現への修正

この節の内容

- ▶ ChatGPTは多様な表現、Geminiは推論、Copilotは技術文書の修正が得意
- ▶ ChatGPTで一貫させ、Geminiで表現を整え、Copilotで技術的な内容の補完
- ▶ 各AIを組み合わせて順番に使うことで、より自然で魅力的な文章が作成できる

●自然な表現へ修正する

ChatGPT、Gemini、Copilotはそれぞれ独自の特徴を持ち、文章の自然さを向上させるのに役立ちます。しかし、各AIの強みを理解し、適切に使い分けることで、より効果的に自然な表現を作り出すことができます。

ChatGPT：多様な表現と創造性

ChatGPTは多様な表現と創造性を有した文章を生成する能力に優れています。特に長文や複雑な内容の修正に適しています。

■ プロンプト例

> 以下の文章をより自然で読みやすい表現に修正してください。
>
> 私は昨日公園に行きました。そこで犬を見ました。犬は走っていました。私は犬が好きです。

4.4 自然な表現への修正

■ ChatGPT の回答例

> 昨日、公園に行ったら、犬が元気良く走っているのを見かけました。私は犬が大好きなので、とても嬉しかったです。

Gemini：専門的な回答や推論

　Geminiは Google 社の専門知識を活かし、より専門的な回答や推論を得意としています。

■ プロンプト例

> 次の文章をより専門的な表現に書き換えてください。
>
> 夕陽が海に沈んでいくことが不思議である。

▼図4-4-1　Gemini の回答例

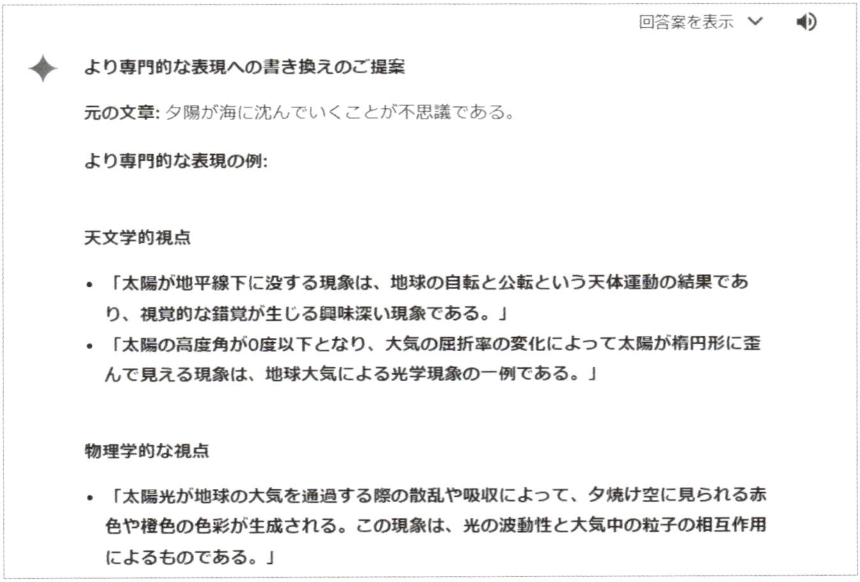

回答案を表示 ⌄ 🔊

✦ より専門的な表現への書き換えのご提案

元の文章: 夕陽が海に沈んでいくことが不思議である。

より専門的な表現の例:

天文学的視点

- 「太陽が地平線下に没する現象は、地球の自転と公転という天体運動の結果であり、視覚的な錯覚が生じる興味深い現象である。」
- 「太陽の高度角が0度以下となり、大気の屈折率の変化によって太陽が楕円形に歪んで見える現象は、地球大気による光学現象の一例である。」

物理学的な視点

- 「太陽光が地球の大気を通過する際の散乱や吸収によって、夕焼け空に見られる赤色や橙色の色彩が生成される。この現象は、光の波動性と大気中の粒子の相互作用によるものである。」

4
草稿作成

147

Copilot：技術文書や専門的内容の改善

Copilotは技術的な文章や専門用語を含む内容の修正に強みがあります。特にプログラミング関連の文章改善に適しています。

■プロンプト例

以下のプログラミング説明文をより分かりやすく自然な表現に修正してください。

for文はループ処理を行うための制御構造です。初期化、条件、更新の3つの部分から構成されます。

■Copilotの回答例

for文は、繰り返し処理を行うための制御構造です。これは、初期化、条件、更新の3つの部分で構成されています。

●AIの併用テクニック

より自然で洗練された文章を作成するには、各AIの強みを組み合わせることが効果的です。例えば、以下のような手順で併用できます。

❶ChatGPTで基本的な文章構造と内容を生成
❷その結果をGeminiに入力し、より専門的な表現に修正
❸最後に、コード系など技術的な正確さなどはCopilotを使用し確認

この方法により、各AIの長所を活かしつつ、より自然で魅力的な文章を作成することができます。

4.5

文章全体の整合性保持

―――――● この節の内容 ●―――――

▶ 文章の整合性を保つために、用途で使い分けると効果的
▶ ChatGPTは一貫性のある長文、Geminiは最新情報、Copilot は整合性
▶ 3つのツールを組み合わせると、質の高い文章を作成できる

●整合性の保持

　文章全体の整合性を保持することは、説得力のある文書を作成する上で極めて重要です。この節では、3つの生成AIツールを比較し、それぞれがどのように文章の一貫性を維持し、整合性を確認するのに役立つかを探ります。

　ちなみに、一貫性とは、始めから終わりまで同じ方針や考えに基づいていることを指しますが、整合性は、複数のものごとの間に矛盾がなく、共通の論理が存在することを指します。

ChatGPT

　ChatGPTは、広範なデータセットでトレーニングされています。これにより、文脈を理解し、一貫した応答を生成する能力があります。しかし、特に複雑な質問や専門的な内容に対しては、整合性が欠けることがあります。これは、過去のデータに基づいて学習しているため、新しい情報や特定の文脈に対する柔軟性が不足していることが影響しています。

Gemini

　Geminiは、Googleが開発したマルチモーダルAIで、特に最新情報を取り入れる能力に優れています。Web上の情報をリアルタイムで参照しながら

4

草稿作成

149

応答を生成するため、情報の鮮度と整合性が高いです。特に複雑な質問や
リサーチタスクにおいて、その整合性を保ちながら詳細な回答を提供する
ことができます。

Copilot

Copilotは、Microsoftが提供するAIアシスタントで、特にプログラミン
グや文書作成において高い整合性を保つことができます。Microsoft 365の
アプリケーションと統合されており、これにより文書作成時の整合性が高
まります。ユーザーの入力に基づいて一貫した文脈を維持しながら応答す
る能力があります。

●文章の一貫性の保持

ChatGPTは文脈を理解し、一貫性のある文章を生成する能力に優れていま
す。ただし、特に複雑な質問や専門的な内容に対しては、整合性が欠けるこ
とがあるため、その場合は、GeminiやCopilotを使用します。

プロンプト例

以下の要点に基づいて、AIの倫理的利用に関する1000字程度の一貫
性のある論文を書いてください。
1. AIの現状と将来の可能性
2. 倫理的懸念事項
3. 規制の必要性
4. 企業の責任
5. 教育の重要性

Geminiは、多様なデータ形式を統合して処理できる特徴を活かし、様々
な情報源からの一貫性のある文章を生成することができます。特に、最新
の情報を含む文章作成に強みがあります。

プロンプト例

> AIの倫理的利用に関する最新の研究結果と事例を含めて、1000字程度
> の論文を作成してください。

Copilotは、既存の文書やプレゼンテーションの文脈を理解し、一貫性の
ある追加コンテンツを生成できます（※参照するものが決まっている場合
にまとめることが得意です）。

プロンプト例

> この文書の既存の内容を踏まえて、AIの倫理的利用に関する新しいセク
> ションを追加してください。既存の文体やトーンに合わせてください。

●補完的な整合性の確認

各AIツールの特徴を活かした併用も効果的です。例えば、ChatGPTで基
本的な文章を生成し、Geminiで最新情報や視覚的要素を追加、最後に
Copilotで既存文書との整合性を確認するという流れが考えられます。

併用の具体例

■❶ ChatGPTで基本文章を生成

> プロンプト：「AIの倫理的利用に関する1000字の論文を書いてくださ
> い。」

■❷ 生成された文章をGeminiに入力

> プロンプト：「この文章に最新の研究結果や事例を追加してください。」

4.5 文章全体の整合性保持

■❸ 更新された文章をCopilotに入力

> プロンプト：「この文章を既存の文書スタイルに合わせて調整してください。また、全体の整合性も確認してください。」

　この方法により、ChatGPTの文章生成能力、Geminiの最新情報統合能力、Copilotの文書整合性チェック機能を最大限に活用できます。

　文章全体を整えるためには、各AIツールの長所を理解し、適切に使い分けるか併用することが重要です。単一のツールに頼るのではなく、複数のAIを相補的に活用することで、より質の高い文章を作成することができるようになります。

第 5 章

コーディング

コーディングや校閲などはCopilot

5.1

コーディングならCopilot

この節の内容

▶ 自動コード生成: CopilotはHTMLやCSSなどのコードを簡単に作成できる

▶ 作業の効率化: 繰り返しの作業を自動化し、時間を節約できる

▶ 他ツールとの併用: 複雑な部分は他のツールと併用するのがベスト

●HTML、CSS、JavaScriptなどのコード生成（主にCopilot）

Copilotは、Microsoftが開発したAIツールであり、コードの生成や補完に優れています。特にHTML、CSS、JavaScriptといったフロントエンド開発においては、その有用性が際立ちます。プログラミング初心者からプロフェッショナルなエンジニアまで、幅広いユーザーがCopilotを活用することで、開発効率を飛躍的に向上させることができます。

Copilotの基本機能と利点

Copilotは、自然言語での説明をもとにコードを生成する能力を持っています。例えば、「ワードプレス内部で使用する表のサンプルをHTMLで作成してください。」という指示を与えると、Copilotは自動的にHTMLコードを生成してくれます。

5.1　コーディングなら Copilot

▼図5-1-1　指示と回答の例

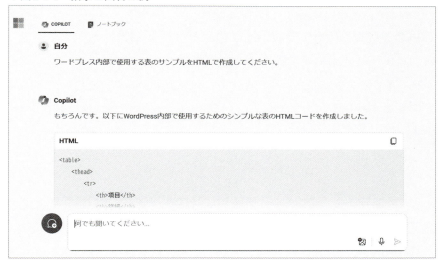

この生成されたコードをワードプレス内部に貼り付けると反映されます。

実際はサンプルですが、細かくあらかじめ指示しておくことで時短につながります。

更に、JavaScriptを利用した動的な要素の追加も容易に行えます。このように、Copilotはユーザーがコードをゼロから書く手間を省き、瞬時に結果を提供してくれるのです。

Copilotが特に強みを発揮するのは、繰り返しが多く、かつ単調なコーディング作業においてです。例えば、同じようなレイアウトが複数ページにわたって必要な場合、Copilotはそのパターンを学習し、自動的に再利用可能なコードを提案してくれます。これにより、開発者はより創造的な部分に集中することができるようになります。

●事例の紹介

事例❶ HTML/CSSでの迅速なウェブサイト構築

　A社は、クライアント向けに企業ウェブサイトを構築するプロジェクトを進めていました。このプロジェクトでは、短期間で複数のページを作成する必要がありましたが、コーディングのリソースが限られていたため、効率的に作業を進めることが求められていました。そこで次のように行いました。

　A社の開発チームはCopilotを導入し、HTMLとCSSを用いたページテンプレートの生成を行いました。

　具体的には、Copilotを利用して各ページのヘッダー、フッター、ナビゲーションメニューのコードを自動生成し、共通のスタイルシートを作成しました。

　この過程で、Copilotは一度生成したテンプレートをもとに、新しいページにも簡単に適用可能なコードを提案してくれました。その結果、開発チームはわずか数日で複数ページのウェブサイトを完成させることができ、クライアントの要求を満たすことができました。

事例❷ JavaScriptを活用したインタラクティブな機能の追加

　B社は、既存のウェブサイトに新しいインタラクティブ機能を追加するプロジェクトに着手しました。特に、ユーザーが自分の好みに合わせてページの表示をカスタマイズできるようにする機能を追加したいという要望がありました。これには、ユーザーが選択したオプションに応じてコンテンツが動的に変化するJavaScriptのスクリプトが必要でした。

　ここでもCopilotが大きな役割を果たしました。

Copilotを使って、ユーザーの入力に基づいて特定のコンテンツを表示または非表示にするJavaScriptのコードを生成し、プロジェクトを迅速に進めることができました。例えば、ユーザーがドロップダウンメニューから特定のオプションを選択すると、関連する情報が即座に表示されるという機能を追加しました。

Copilotは、基本的なコードの提案から始まり、開発者の意図に応じて細かい調整を行うコードも提供してくれたため、開発チームは短期間で高品質な機能を実装できました。

事例❸ コードレビューと改善の支援

C社では、大規模なウェブアプリケーションの開発を進めており、コードの品質管理が重要な課題となっていました。開発チームは、コードレビューのプロセスを効率化しつつ、バグの発生を最小限に抑えることを目指していました。そこで、Copilotをコードレビューの支援ツールとして活用しました。

Copilotは、開発者が書いたコードに対して自動的に代替案や改善点を提案します。例えば、冗長なコードをよりシンプルに書き直す方法や、潜在的なバグを指摘してくれることがあります。

C社の開発チームは、Copilotの提案をもとにコードの品質を向上させ、最終的にはバグの発生を減少させることができました。更に、Copilotを活用することで、開発者間のナレッジシェアも促進され、チーム全体のスキルアップにつながりました。

●Copilotの限界と併用の重要性

Copilotは強力なツールである一方で、全ての開発シナリオにおいて万能であるわけではありません。特に、複雑なロジックやビジネス要件を満たすためには、開発者自身の判断や手動でのコード修正が必要です。また、生成されたコードが最適化されていない場合や、特定のブラウザやデバイスでの動作に問題が生じることもあります。そのため、Copilotを活用する際には、他の開発ツールやエディタとの併用が重要です。

事例❹ Copilotとその他ツールの併用による最適化

D社では、Copilotを活用してウェブアプリケーションの初期開発を行いましたが、パフォーマンスの最適化が求められるフェーズに移行しました。

この段階では、Copilotだけではなく、LighthouseやWebpackといったツールも併用して、コードの最適化やバンドルサイズの削減を行いました。

具体的には、Copilotが生成したコードをもとに、Lighthouseでパフォーマンスの分析を行い、必要な改善点を特定しました。その後、Webpackを使ってコードを圧縮し、不要なリソースを削除することで、最終的なアプリケーションのパフォーマンスを大幅に向上させました。

このように、Copilotと他のツールを組み合わせることで、開発プロセス全体をより効率的かつ効果的に進めることができたのです。

Copilotは、HTML、CSS、JavaScriptなどのコード生成において非常に強力なツールであり、開発者の作業を大幅に効率化することができます。

特に、繰り返しの多いタスクや標準的なコード生成においてその真価を発揮しますが、複雑なロジックやパフォーマンス最適化には他のツールや手動での調整が必要です。したがって、Copilotを効果的に活用するために

は、その限界を理解し、他のツールや開発者自身のスキルと併用すること
が重要です。

　Copilotの進化により、更に多くの開発シーンで活用されることが期待さ
れますが、開発者としては、その力を最大限に引き出すために適切なツー
ルと組み合わせ、最適な開発プロセスを構築することが求められます。

5.2
Webサイトのパーツをつくる

この節の内容

▶ CopilotはWebデザインや機能の効率的な実装を支援
▶ Copilotはナビゲーションバーなど幅広い提案ができる
▶ 複雑な作業には手動調整が必要

● Webサイトのデザインや機能の実装（主にCopilot）

Webサイトのデザインや機能の実装において、Copilotは、特にフロントエンド開発者にとって強力なツールとなります。

Copilotは、ユーザーインターフェースのデザイン、インタラクティブな機能の追加、そしてユーザビリティの向上を支援するため、開発者が効率的に作業を進めるための様々なツールや技術を提供します。

● Copilotのデザイン支援機能

Copilotは、HTML、CSS、JavaScriptを用いた基本的なWebデザインの作成から、より複雑なアニメーションやレスポンシブデザインの実装まで幅広くサポートします。例えば、ユーザーが「シンプルでレスポンシブなナビゲーションバーを作成したい」といった要求をした場合、Copilotは即座に適切なHTMLとCSSのコードを提案し、その結果をプレビューすることができます。

▼図5-2-1　ナビゲーションバー生成の指示

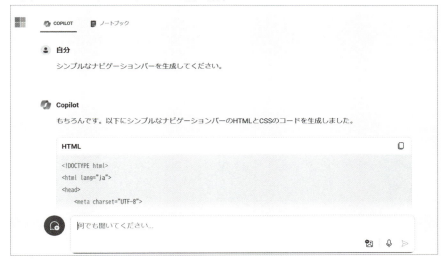

事例❶ シンプルでレスポンシブなナビゲーションバーの作成

　E社は新しいブランドサイトの開発を進めており、モバイルフレンドリーなナビゲーションバーの作成が必要でした。従来の方法であれば、デザインから実装までに多くの時間がかかることが予想されましたが、Copilotを活用することで作業時間を大幅に短縮することができました。

　まず、Copilotに対して「モバイルとデスクトップ両方で動作するレスポンシブなナビゲーションバーを作成する」という指示を与えました。Copilotは、メディアクエリを使用したCSSの提案を行い、画面幅に応じてナビゲーションバーのレイアウトを自動的に切り替えるコードを生成しました。更に、必要に応じてドロップダウンメニューやハンバーガーメニューの実装も支援しました。

　これにより、デザインの一貫性を保ちながら、ユーザーエクスペリエンスを向上させることができました。

●インタラクティブ機能の実装とCopilotの役割

Webサイトにおけるインタラクティブな要素は、ユーザーエンゲージメントを高める重要な要素です。

フォームのバリデーション、ポップアップウィンドウ、アコーディオンメニューなど、JavaScriptを駆使したインタラクティブな機能を実装する際にもCopilotは大いに役立ちます。Copilotは、単純なインタラクションから複雑なロジックを含む機能まで、幅広い範囲のコードを提案し、迅速に実装を進めることができます。

事例❷ フォームのバリデーション機能の実装

F社は、新しい顧客管理システムのためにユーザーフォームを開発していました。このフォームでは、ユーザーが入力したデータの妥当性をチェックするバリデーション機能が不可欠でした。従来の開発プロセスでは、各フィールドに対して手動でバリデーションコードを書く必要がありましたが、Copilotを使用することで作業が大幅に効率化されました。

Copilotに「このフォームにJavaScriptでリアルタイムバリデーションを追加する」という指示を入力すると、即座に各フィールドに対して適切なバリデーションコードを提案してくれました。例えば、メールアドレスの形式チェックや必須フィールドの確認など、ユーザーが入力を行うたびにリアルタイムでエラーメッセージを表示する機能を簡単に実装することができました。

Copilotの提案により、手動でコードを書く時間が大幅に短縮され、開発チームは短期間で高品質なフォームを完成させることができました。

5.2 Web サイトのパーツをつくる

事例❸ ユーザーインターフェースのアニメーション追加

G社は、製品ページにおいて、ユーザーがスクロールするたびにコンテンツがアニメーションで表示されるインタラクティブな要素を追加したいと考えていました。通常、このようなアニメーションを実装するには、JavaScriptやCSSアニメーションに関する高度な知識が必要とされますが、Copilotの支援を受けることで、比較的簡単に実現することができました。

Copilotに「スクロール時に要素がフェードインするアニメーションを追加する」という指示を与えると、CopilotはスクロールイベントをトリガーとしたJavaScriptコードと、それに関連するCSSのアニメーションスタイルを生成しました。更に、アニメーションのタイミングや持続時間、トリガーポイントを調整するためのオプションも提案されました。

G社の開発チームはこれらをカスタマイズして、希望通りのアニメーションを実装することができました。この結果、ユーザーにとって視覚的に魅力的なインターフェースが完成し、製品ページのエンゲージメントが向上しました。

● Copilotの限界と手動作業の重要性

Copilotは多くの場面で強力なサポートを提供しますが、万能ではありません。特に、非常にカスタマイズされたインターフェースや、複雑なビジネスロジックを含む機能の実装においては、手動でのコード修正や調整が必要です。

Copilotの提案はあくまで補助的なものであり、最終的な品質やパフォーマンスを保証するためには、開発者自身のスキルと判断が求められます。

5.2 Webサイトのパーツをつくる

事例❹ 複雑な機能の実装における手動調整の必要性

I社は、特定の業務プロセスを自動化するためのWebアプリケーションを開発していました。このアプリケーションには、ユーザーの操作に応じて複雑なデータ処理が行われる機能が含まれていました。Copilotは基本的なコードの提案やインターフェースの設計には非常に役立ちましたが、データ処理のロジック部分については、開発チームの専門知識と経験に基づいた手動のコーディングが必要でした。

開発チームは、Copilotが提案したコードをもとに、手動で最適化やロジックの調整を行い、アプリケーションのパフォーマンスと正確性を確保しました。このプロセスにより、最終的には高性能なWebアプリケーションが完成しました。

この事例からも分かるように、Copilotは開発のスピードを大幅に向上させる一方で、複雑な要件に対しては人間の判断や手動作業が不可欠です。特に、ビジネスロジックが絡む部分や、特殊なデザイン要件が求められる場合には、Copilotの提案を参考にしつつ、開発者自身が最適な実装を行う必要があります。

Webサイトのデザインや機能の実装において、Copilotは非常に強力なツールであり、特にHTML、CSS、JavaScriptを活用するフロントエンド開発においてその真価を発揮します。ナビゲーションバーやフォームのバリデーション、アニメーションの追加など、幅広い範囲で利用可能であり、開発者の作業を大幅に効率化します。

一方で、Copilotには限界も存在し、複雑な機能の実装や高度にカスタマイズされたデザインを必要とする場合には、手動での調整やコーディングが不可欠です。開発者は、Copilotを適切に活用しつつ、最終的な品質やパ

フォーマンスを保証するために、自らのスキルと判断を駆使することが求められます。

　今後、Copilotの機能が更に進化し、より多くの開発タスクに対応できるようになることが期待されますが、開発者自身がツールをどのように使いこなすかが、プロジェクトの成功において重要なポイントとなるでしょう。Copilotを活用しつつ、他の開発ツールや技術と組み合わせることで、より効率的で効果的なWebサイトのデザインや機能の実装が実現します。

5.3 繰り返し作業や定型的なコードの記述(主にCopilot)

この節の内容
- ▶ Copilotは繰り返し作業の自動化で効率化を実現
- ▶ Copilotは定型コードの一貫性と品質向上に役立つ
- ▶ Copilotは開発者の創造的な作業への集中をサポート

●ミスをなくす

　プログラミングにおいて、繰り返し作業や定型的なコードの記述は、開発者にとって大きな負担となることがあります。同じコードを何度も書く必要がある場合や、決まった形式のコードを頻繁に記述する場合、手動での作業は時間を浪費し、ミスが発生するリスクも高まります。以下は、コード修正の例です。

▼図5-3-1　コード修正指示

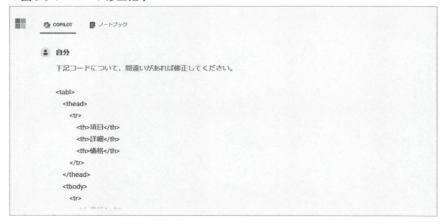

5.3 繰り返し作業や定型的なコードの記述（主にCopilot）

▼図5-3-2　生成結果

　このように、Copilotの使用により、これまでのコード履歴や文脈を理解し、繰り返し作業や定型的なコードの自動生成を行うことで、開発者の生産性を大幅に向上させることができます。

　開発プロジェクトにおいては、似たようなコードを何度も書かなければならないシナリオが頻繁に発生します。

　例えば、CRUD（Create, Read, Update, Delete）操作を行うコードは、多くのアプリケーションで必要とされ、各エンティティに対してこれらの操作を実装する必要があります。Copilotは、こうした繰り返しが多いタスクに対して、コードの自動生成を提案することで、開発者の負担を軽減します。

事例❶ CRUD操作の自動生成

　J社では、複数のエンティティを管理するウェブアプリケーションを開発していました。各エンティティに対して、CRUD操作を行うためのコントローラやサービス層のコードを記述する必要がありました。通常であれば、

5.3 繰り返し作業や定型的なコードの記述（主に Copilot）

これらの操作を手動で一つ一つ実装していく必要がありますが、Copilotを利用することで、作業が大幅に効率化されました。

例えば、ユーザーエンティティに対するCRUD操作を実装する際に、Copilotが自動的に以下のようなコードを提案しました。

```
# Create
@app.route('/items', methods=['POST'])
… 省略


# Read
@app.route('/items', methods=['GET'])
… 省略


# Update
@app.route('/items/<int:id>', methods=['PUT'])
… 省略


# Delete
@app.route('/items/<int:id>', methods=['DELETE'])
… 省略
```

このように、Copilotが自動的にCRUD操作を行うためのコードを提案することで、開発者は同様のコードを繰り返し記述する必要がなくなり、作業時間を大幅に削減することができました。また、このコードは一般的なパターンに基づいているため、エラーのリスクも低減され、品質の向上にも寄与しています。

●定型的なコードの記述における効率化

繰り返し作業以外にも、開発には特定のフォーマットやスタイルに従った定型的なコードを記述する必要がある場面が多く存在します。例えば、APIのエンドポイントの作成や、データベースのスキーマ定義などが該当します。

Copilotは、過去のコード履歴やプロジェクト全体の構造を理解し、これらの定型的なコードの自動生成を提案することで、開発者の作業を支援します。

●定型的なコード生成によるミスの削減

定型的なコードは、何度も同じ形式で記述する必要があるため、開発者が手動で行うとミスが発生しやすくなります。特に、大規模なプロジェクトにおいては、同じパターンのコードが数百、数千行に及ぶこともあり、ヒューマンエラーがプロジェクト全体に影響を及ぼす可能性があります。

Copilotは、こうした定型的なコードを正確に生成することで、ミスを未然に防ぎ、コードの一貫性を保つことができます。

事例❷ データベーススキーマの一貫性保持

L社では、複数のデータベーススキーマを管理するプロジェクトに取り組んでいました。各スキーマには、同様のフィールドやリレーションシップが含まれており、一貫性を保ちながら記述することが求められました。Copilotは、過去に記述したスキーマをもとに、新しいスキーマを作成する際に一貫性のあるコードを提案しました。

例えば、新しいデータベーステーブルのスキーマを定義する際に、Copilotは以下のようなコードを提案しました。

5.3 繰り返し作業や定型的なコードの記述（主に Copilot）

```sql
CREATE TABLE users (
    id SERIAL PRIMARY KEY,
    username VARCHAR(100) NOT NULL UNIQUE,
    ・・・（途中省略）・・・
);
```

　このように、Copilot は過去に作成したスキーマのパターンを認識し、新しいスキーマに同様の構造を提案することで、ミスを削減し、スキーマ全体の一貫性を維持しました。これにより、L社は大規模なデータベースプロジェクトでも高い品質を保つことができました。

　このように、ヒューマンエラーのリスクを減らし、プロジェクト全体の品質を向上させることができます。しかし、Copilot はあくまで補助的なツールであり、最終的なコードの品質やプロジェクトの成功は開発者自身のスキルと判断にかかっています。

　今後、Copilot の技術が更に進化し、より多様なプログラミングシナリオに対応できるようになることが期待されますが、開発者はこのツールを効果的に活用し、定型的な作業から解放されることで、より創造的なコーディングや問題解決に集中できるようになるでしょう。

　Copilot を賢く活用することで、開発プロセス全体を最適化し、より効率的でエラーの少ないコードベースを実現することができるようになります。

5.4

コーディングのアイデア出しにおけるChatGPTの役割

● この節の内容 ●

▶ ChatGPTは、コーディングのアイデア出しを手助けし、新しい視点やアイデアを提供する
▶ 技術的な相談にも応じ、最適な方法を提案してくれる
▶ アイデアの評価やフィードバックを行い、実現可能性を検討できる

●コーディングでのアイデア出しならChatGPT

コーディングプロジェクトの初期段階でのアイデア出しは、開発者にとって最も創造的でありながら、時に困難な作業の一つです。

アイデアが豊富であれば、プロジェクトの成功に向けた強固な基盤を築くことができますが、何から始めるべきか悩むことも少なくありません。ここで、ChatGPTが果たす役割は非常に大きいです。

ChatGPTは、膨大なデータセットに基づいた自然言語処理技術を用いて、考えもしなかった視点や新しいアイデアを提供してくれます。

●❶ ChatGPTによるアイデアのブレインストーミング

プロジェクトの初期段階で、ChatGPTを活用してアイデアを出すことは、ブレインストーミングを効率化する手段として非常に有用です。例えば、ウェブアプリケーションを開発する際に、具体的なテーマや機能についてChatGPTに質問を投げかけることで、多様なアイデアが得られます。

5.4 コーディングのアイデア出しにおける ChatGPT の役割

プロンプト

新しいタスク管理アプリを開発したいのですが、どのような特徴や機能を追加すれば、既存のアプリとの差別化が図れますか？

このような質問を ChatGPT に投げかけると、例えば以下のような提案が返ってくることがあります。

音声入力機能の強化：ユーザーが音声でタスクを追加できる機能。音声認識と自然言語処理を組み合わせることで、ユーザーの負担を軽減し、利便性を向上させる。
- コラボレーションツールの統合：Slack や Microsoft Teams などの既存のコラボレーションツールとシームレスに連携し、チームメンバーとタスクを共有・管理する機能。
- ゲーミフィケーション要素：タスクを完了することでポイントを獲得し、ユーザーがゲーム感覚でタスクを管理できるようにする機能。

このように、ChatGPT が提供するアイデアは、開発者が新しい視点を得るための有力な手段となります。また、これらの提案をもとに、開発者は自身の知識や経験を組み合わせ、より具体的で実現可能なアイデアへと昇華させることができます。

●❷ 技術的アプローチの検討

アイデアが形になり始めた段階では、次にそれをどのように実現するかという技術的アプローチが重要になります。ここでも、ChatGPT は役立ちます。例えば、特定の機能を実装する際の最適な技術スタックやアルゴリズムの選択について相談することができます。

プロンプト

タスク管理アプリにリアルタイム通知機能を追加したいのですが、どのような技術を使用すれば良いでしょうか？

この質問に対して、ChatGPTは以下のような技術的なアドバイスを提供しました。

- WebSocketsの使用：リアルタイム通知機能を実装するためには、サーバーとクライアント間で常に接続を維持できるWebSocketsが適している。これにより、サーバー側でイベントが発生した際に即座にクライアントに通知を送ることができる。

…（以下省略）

　これらのアドバイスをもとに、開発者は自分のプロジェクトに最も適した技術を選び、効率的に開発を進めることができます。また、ChatGPTは複数の技術的選択肢を提示するため、開発者は自分の要件やリソースに応じて最適なアプローチを選択する自由度が増します。

●❸ アイデアの評価とフィードバック

　アイデア出しの過程で重要なのは、そのアイデアが実際に有効かどうかを評価し、フィードバックを得ることです。ChatGPTは、アイデアに対する批評的な視点や代替案を提供することもできます。例えば、新しい機能を追加する際、そのメリットとデメリットについて考えることは不可欠です。

5.4 コーディングのアイデア出しにおける ChatGPT の役割

プロンプト

タスク管理アプリに音声認識機能を追加しようと考えていますが、この機能の利点と懸念点は何でしょうか？

このような質問に対して、ChatGPTは次のようなフィードバックを提供しました。

- 利点：
  - ユーザーの操作性向上：音声でタスクを追加できるため、手がふさがっている時でもタスクを簡単に管理できる。
  - ユーザーエンゲージメントの向上：新しいインターフェースとして音声入力を導入することで、アプリの使い勝手が向上し、ユーザーのエンゲージメントが高まる可能性がある。

- 懸念点：
  - 開発コストの増加：音声認識機能の実装には、高度な自然言語処理と音声認識技術が必要となり、開発コストが上昇する可能性がある。
  - プライバシーの問題：音声データの扱いについては、プライバシー保護の観点から慎重な設計が求められる。

このように、ChatGPTは単にアイデアを提供するだけでなく、その実現可能性やリスクについても考慮することができます。これにより、開発者はより現実的で実行可能なアイデアを選定し、プロジェクトを成功に導くことができるのです。

174

5.4 コーディングのアイデア出しにおける ChatGPT の役割

●ChatGPTとの対話を通じたアイデアの洗練

アイデア出しの段階では、ChatGPTとの対話を通じてアイデアを更に洗練させていくプロセスも重要です。対話を重ねることで、最初は曖昧だったコンセプトが徐々に具体的な形を帯び、実際の開発に向けた詳細な計画へと進化していきます。

プロンプト

音声認識機能を導入する際、どのようなユーザーインターフェースが考えられるでしょうか？また、他のアプリで成功している事例はありますか？

この質問に対して、ChatGPTは具体的なUIデザインの提案や、他のアプリの成功事例を挙げることで、開発者がアイデアを更に具体化する手助けをしてくれます。

- UIデザインの提案：
  - 音声入力ボタンの配置：タスク追加画面の目立つ位置にマイクアイコンを配置し、ユーザーがワンタップで音声入力を開始できるようにする。
  - リアルタイムフィードバック：ユーザーが音声入力を行っている間、リアルタイムでテキストが表示され、誤認識が発生した場合には即座に修正できるインターフェースを提供する。

- 成功事例：
  - Google Keep：音声入力を活用してメモを素早く追加できる機能がユーザーに評価されており、特に移動中や他の作業を行っている際に便利。
  - Todoist：音声アシスタントを活用し、ユーザーがリマインダーやタスクを声で追加できる機能を提供している。

5.4 コーディングのアイデア出しにおける ChatGPT の役割

　このような提案を受けて、開発者は自分のアプリにどのように音声入力機能を統合するかを具体的に検討することができます。また、他のアプリの事例を参考にすることで、自分のプロジェクトにおいて何が成功する可能性が高いのかを判断する手助けにもなります。

　最後に、ChatGPT を活用する際には、その限界を理解しつつ、最適な活用方法を見極めることが重要です。ChatGPT は非常に強力なツールである一方で、提供されるアイデアや情報が常に正確であるとは限りません。そのため、ChatGPT から得たアイデアをそのまま鵜呑みにするのではなく、必ず自分自身で評価・検証するプロセスを取り入れることが重要です。

　コーディングの初期アイデア出しにおいて、ChatGPT は強力なパートナーとなり得ます。新しいプロジェクトを始める際や、特定の機能を実装する際に、ChatGPT を活用することで、多様なアイデアや技術的なアプローチを迅速に得ることができます。

　しかし、ChatGPT から得られる情報やアイデアはあくまで出発点であり、それを現実の開発プロジェクトに適用するには、開発者自身の知識や経験を駆使して最適化していくことが求められます。

第 **6** 章

┃その他の活用方法┃

創造性を刺激！
AIで生まれるオリジナルな
Webコンテンツ

6.1

どれを使ったらよいか
迷った時の使い分けポイント

―――――● この節の内容 ●―――――

▶ ChatGPT、Gemini、Copilotの比較：各ツールのメリット・
  デメリット
▶ ChatGPT、Gemini、Copilotの比較：各ツールの能力
▶ ChatGPT、Gemini、Copilotの比較：各ツールの使い分けの
  ポイント

●改めてまとめてみる

　この節では、ChatGPT、Gemini、Copilotと3つの生成AIの違いについて、これまでのおさらいと、伝えきれなかった補完内容を組み入れ、改めてまとめていきます。

● ChatGPT

　ChatGPTは、多様な文章生成のニーズに対応できる高度な言語モデルであり、その文章の書き方にはいくつかの特徴があります。

日常的な会話や説明文の生成

　日常会話や説明文を自然な形で生成することに優れています。クリエイティブなライティングや対話型の応答も得意で、カジュアルなトーンやリラックスしたトーンの文章を生成する際に非常に適しています。

自然な文章生成と幅広い表現

　人間らしい自然な表現を得意とし、日本語の文法的に正しい文章を生成

します。口語的な表現や状況に応じた丁寧な表現など、幅広いスタイルで文章を作成することができます。

文脈の理解と適応

前後の文脈を理解し、それに基づいて適切な内容の文章を生成する能力を持っています。プロンプト内の情報の多さに応じて、ユーザーの意図を正確に汲み取り、それに合わせた応答を提供します。逆に、舌足らずな場合は方向性が読みづらいのが特徴です。

多様な文章スタイルに対応

ユーザーの指示に応じて様々な文章スタイルに対応できます。例えば、学術的な文章、カジュアルな会話、物語など、異なるトーンや目的に応じた文章を作成することが可能です。

創造性と新しい文章の生成

与えられた情報に基づいて新しい文章を生成する能力があります。例えば、途中まで書かれたある物語の続きを書くよう指示すると、創造的に続きの文章を作成してくれます。また、問題解決やアイデア出しの補助としても有用で、新しいアイデアやソリューションの提案に役立ちます。

ChatGPTは、その自然な表現力と幅広い適応力により、多様なニーズに対応できる文章生成のツールです。日常会話から専門的な文章、創造的なコンテンツまで、様々な用途に対応できる点が大きな特徴です。このため、ユーザーは目的に応じた最適な文章を簡単に生成することができます。

一方で複雑な質問に対しては、不正確な応答をすることがあり、特定の業界や用途に特化した機能が他のツールに劣る場合もあります。

対策としては、GPTsを使い専門的な知識を学習させるか、API機能を使

6.1 どれを使ったらよいか迷った時の使い分けポイント

い専門性を補完するとよいでしょう。少し設定などの細かな知識が必要になることと有料版の機能になるためご注意ください。

●Gemini

Geminiは、Google AIが開発した大規模言語モデルであり、高度な文章生成能力と情報量を持っています。以下に、Geminiの文章の書き方の特徴をChatGPTとの比較で説明していきます。

詳細で具体的な回答

深層学習と業界別の知識を活用して、他のAIツールよりも更に詳細で具体的な回答を提供します。特にブログの執筆や専門的なコンテンツ作成において、初心者にとってはGeminiのアドバイスが非常に役立ちます。

例えば、「○○についてブログを書いて」という指示だけでも、初心者では思いつかない視点のアドバイスや読みやすい構成で書いてくれます。

また、指示の内容を超えてその奥にある本当の狙いをも加味しての回答をしてくれる場合もあります。

例えば、商品開発のためにリサーチをする場面において、一般的な商品の紹介にとどまらず、新しい組み合わせやパッケージ、販売方法なども提案するなどです。

更に、具体的な指示を与えれば、その能力を最大限に引き出すことができます。

情報の参照元を提示

回答の最後に参照元が提示されており、回答の信憑性が高くなります。詳しく内容を知りたい場合は、参照元の記事を確認できます。

その他の特徴

ChatGPTが苦手としていた推論を必要とする複雑な問題や、リサーチ力に優れているといった特徴があります。

●Copilot

Copilotは、GPT-4をもとに開発されているため、一般的な文章作成は得意です。汎用性にも優れています。Copilotの文章の書き方の特徴をChatGPTとの比較で説明していきます。

文章の構成

生成内容も優秀ですが、ChatGPTの方が文章作成能力は高いようです。

回答の信憑性

回答の最後に参照元が提示されており、回答の信憑性が高くなります。詳しく内容を知りたい場合は、リンクから元の記事を確認できます。

その他の特徴

Microsoftの検索エンジンBingに搭載されたAIアシスタント機能です。

また、特に開発者向けの機能が充実しており、プログラミングに関連するタスク（コード補完やバグ検出など）において優秀です。

●最新情報について

ChatGPT

2024年9月現在は、無料版であっても一定回数はGPT-4oが使用でき、その間はWebブラウジング機能を使用して、ほぼ最新の情報にもアクセスし、回答することができます。

Gemini

Geminiに最新情報を「どのように収集し回答しているか」聞いてみると「定期的なデータ更新、検索エンジンの活用、外部APIの利用」により回答しているとのことでした。

その最新情報は、Google検索を通して、常に最新の情報を収集し、それに

基づいて回答を生成するため、基本的にリアルタイムに近いものと言えます。

Copilot

Copilotは、GPT-4をもとに開発されています。Webブラウジング機能もあり、検索エンジンはMicrosoft Bingを使用し、最新情報にも対応して回答しています。そのため基本的にリアルタイムに近いものと言えます。

●マルチモーダルの性能

音声入力と回答、画像アップロードと編集について実際に試した結果をお伝えします。

ChatGPT

ChatGPTは、テキストベースの応答が中心ですが、OpenAIの新しいバージョンGPT-4以降は、音声などの入力にも対応しています。

ただし、音声入力については、現時点でGPT-4が直接対応しているという確認はありません。スマホのアプリ版では、iOS（iPhone）版、Android版の両方が画像や音声入力に対応しています。

Gemini

Geminiもテキストベースのやり取りが中心ですが、音声入力が可能です。PC版では音声入力後、「送信」をクリックする必要があります。テキストで回答され、音声での回答ではありません。ただし、回答されたテキストを読み上げる機能はありますので、完全にフリーハンドで対応できませんが、口で指示を出し、回答を耳で聞くことは可能です。

スマホアプリでは、Geminiへの音声入力と音声回答が可能です。音声入力の後、テキストで回答が開始され、追いかけるようにテキストを読み上げる形で音声の回答してくれます。

6.1 どれを使ったらよいか迷った時の使い分けポイント

　具体的には、Googleアシスタントと連携することで、音声でGeminiに質問したり、回答を聞き取ったりすることができます。もちろん画像を認識し対応することも可能です。

Copilot

　Copilotもテキストベースのやり取りが中心ですが、他のAI同様、音声入力ができます。PC版であっても音声入力と音声回答が可能です。音声入力後、自動で送信され、テキスト生成後、追いかけるように音声で回答してくれます。

　スマホのアプリ版でも同様に画像・音声検索に対応しています。

　ChatGPT、Gemini、Copilotに対して、同じプロンプト（音声で指示）で生成した内容をお見せします。

音声指示

今日の福岡市の天気を教えてください。

6

その他の活用方法

183

6.1 どれを使ったらよいか迷った時の使い分けポイント

▼図6-1-1　ChatGPTスマホアプリ

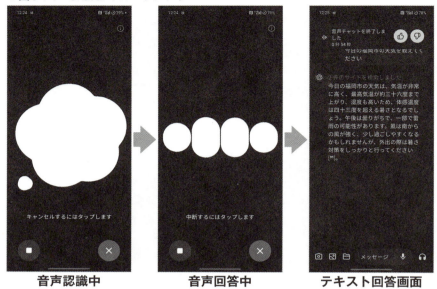

音声回答は人間と話しているような自然な感じで回答、テキスト生成（検索サイト付き）をしてくれます。

6.1 どれを使ったらよいか迷った時の使い分けポイント

▼図6-1-2　Geminiスマホアプリ

　情報元であるウェザーニュースの画面を表示し、音声回答をしてくれます。別にテキスト生成はありませんが、分かりやすく、必要な内容を読み上げてくれます。

6.1　どれを使ったらよいか迷った時の使い分けポイント

▼図6-1-3　Copilotスマホアプリ

テキスト生成、音声回答、加えてその地域の画像を出してくれます。

　どのAIも特徴があります。どれか一つを使うというより、目的や好みで使い分けることをおすすめします。

6.2

テキストから画像生成 （ChatGPT、Gemini、Copilot）

―――――――――● この 節 の 内 容 ●―――――――――

▶ ChatGPTの画像生成の特徴と実際の画像
▶ Geminiの画像生成の特徴と実際の画像
▶ Copilotの画像生成の特徴と実際の画像

●画像生成について

　ChatGPT、Gemini、Copilotはどれもテキストから画像生成をする能力があります。使用する画像生成AIが違うため、画風や使いやすさが異なります。その特徴を紹介しつつ、実際の画像を同じプロンプトで作成し見比べてみます。

　今回使用するプロンプトは「写真風に、パンケーキとカフェラテを描いてください。」です。

　作成した画像に「イラスト風にして、横長にしてください。カフェラテをオレンジジュースに変えてください。」というカスタマイズを加えた場合も検証します。

●画像生成のツールと特徴

　まずは「ChatGPT、Gemini、Copilot」に共通する特徴をあげます。
　（※ChatGPTは有料版に加入する必要があります）

テキスト入力からの画像生成

　任意のテキスト入力に基づいて、その内容を視覚的に表現する画像を生

成します。

多様なスタイルとテーマ

ツールは様々なスタイルやテーマで画像を作成する能力があります。例えば、「アニメ風にして」など追加でプロンプト入力することで生成できます。他にもアート、イラスト、フォトリアリスティックな画像などいろいろな指示に対応しています。

カスタマイズ可能

画像の詳細（例えば、色、背景、キャラクターの特徴など）を指定することで、プロンプトに沿った画像をサイズや色を変えて生成することができます。

品質

高品質の画像を生成することが可能で、生成される画像は商業用途やクリエイティブプロジェクトに利用することができるレベルです。ただし、実際に使用する際は各ツール提供元の規約を確認し、また著作権法などの法律違反がないように十分注意して使用しましょう。

簡単な操作

PC、スマホアプリ、ブラウザなど、様々なデバイスから、テキスト入力で単に画像を生成できます。スマホアプリでは音声入力も可能です。

●❶ChatGPTの特徴

ChatGPTに組み込まれている画像生成ツールは、OpenAIが開発した「DALL-E3」と呼ばれるテキストから画像を生成するツールです。

実際の画像

▼図6-2-1　ChatGPTの生成結果

居心地の良いカフェのテーブルに置かれた、カフェラテを片手に積み重ねられたパンケーキのフォトリアリスティックな描写です。温かく居心地の良い雰囲気が、このシーンをとても居心地の良いものにしてくれるはずです。

▼図6-2-2　カスタマイズ

こちらは、カフェラテの代わりにオレンジジュースを添えた、おいしそうなパンケーキのワイド版イラストです。居心地の良いカフェの雰囲気とカラフルなスタイルが、このシーンを楽しいものにしてくれるはずです。ご期待に沿えることを願っています。

一回でなかなか理想的な画像が出来上がりました。

●❷Geminiの特徴

Geminiに組み込まれている画像生成ツールについては、8月28日（現地時間）最新の画像生成モデル「Imagen 3」を導入したとの発表があり、画像生成機能がさらに強化されました。

英語プロンプト推奨

実際にGeminiで画像を生成してみると、プロンプトによる指示で画像を生成してくれます。ただし、日本語入力は対応しておらず英語推奨であり、英語でプロンプトを入力する必要があります。現在調整中のようで、近い将来、日本語で画像生成の指示が出せるようになるでしょう。

英語が苦手な方でも、日本語を、DeepLなどの翻訳ツールを使い、英語に変換することで簡単に英語のプロンプトを作成できます。

画像の再生成が簡単

一度生成した画像の再生成も簡単にできます。同じプロンプトの違うパターンの画像を、何度も生成してくれます。

高品質な画像生成

ChatGPT同様、多様なスタイル、高品質な画像とカスタマイズが可能です（ただし、サイズ変更はできませんでした）。

人物が描けない

静物や動物は問題なく描いてくれますが、人物に関しては無料版での生成はできません。

ただし、有料版では、順次、英語プロンプトから人物を描く機能が解放される予定とのアナウンスがあります。

実際の画像

▼図6-2-3　Geminiの生成結果

▼図6-2-4　カスタマイズ

　パンケーキは理想的な画像を生成してくれました。日本語プロンプトは非推奨などありますが、今後の進化が楽しみです。

❸ Copilotの特徴

Copilotで使用されている画像生成ツールは、OpenAIの技術（DALL-E 3）を活用しており、日本語にも対応しています。

カスタマイズ

カスタマイズは可能ですが、指示通りに生成できない場合もあります。また、サイズ変更もプロンプトではできません。1枚の画像を選び、「サイズの変更」というボタンをクリックすると正方形や長方形へ変更できます。

実際の画像

▼図6-2-5　画像生成

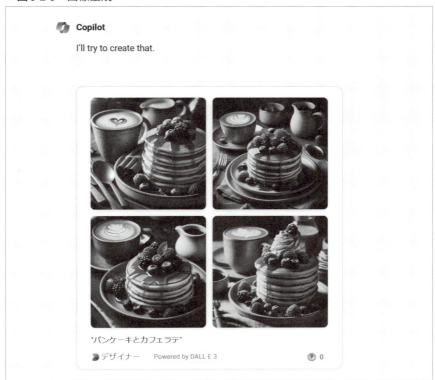

▼図6-2-6　カスタマイズ

　何度か作成しなおしましたが、どうしても、カフェラテを消して、オレンジジュースだけを残した画像を生成してくれませんでした。また、サイズ変更もプロンプトでは指示を受け付けてくれませんので、1枚の画像を選び、「サイズの変更」をクリックして長方形へ変更します。

▼図6-2-7　サイズ変更画面

▼図6-2-8　横長サイズに修正後の画像

6.2 テキストから画像生成（ChatGPT、Gemini、Copilot）

　実際に使ってみるとChatGPT、Gemini、Copilotは一長一短あります。どのツールにおいても、なかなか理想の画像が生成できない場合、以下のポイントを踏まえて何度かチャレンジしてみてください。

- DeepLなどの翻訳ツールを使いプロンプトを日本語から英語に変更する、又は、各ツールに翻訳の指示をだすことで、英語に直してくれる
- プロンプトは細かく具体的な指示にする
- プロンプトがなかなか上手く作れない場合は、各ツールに作成してもらう
- 一度で完璧なプロンプトは難しく、複数回対話を重ね作り上げていく

6.3

SNS投稿文の作成
（ChatGPTとGemini）

この節の内容

▶ SNS投稿を簡単に魅力的にする方法
▶ ChatGPTによるSNS投稿文の例
▶ SNS投稿文の生成を助けるGeminiの使い方

●AIを活用し、SNS投稿を魅力的にする簡単なコツとテクニック

　SNSの世界は日々進化し、ユーザーの関心を引きつけるためには常に新しいアプローチが求められています。特に、限られた時間の中で効果的に投稿を継続するには、AIを活用した戦略が非常に有効です。ここでは、SNS投稿をより魅力的にするための具体的なコツと、AIを活用するメリットについて解説します。

SNS投稿の目的を明確にする

　まず、SNS投稿を行う際に最も重要なのは、その投稿の目的を明確にすることです。投稿の目的がはっきりしていないと、メッセージが曖昧になり、ターゲットに伝わりにくくなります。例えば、商品やサービスのPR、ブランドの認知度向上、ファンとの交流など、何を達成したいのかを具体的に設定しましょう。AIツールは、この目的に応じて最適なコンテンツやキーワードを提案してくれるため、戦略的な投稿が可能になります。

　例えば、商品やサービスのPRをしたい場合、AIツールは、ターゲットオーディエンスの興味や関心に基づいて、効果的なキャッチコピーやビ

6

その他の活用方法

ジュアルコンテンツを提案します。過去のデータを分析して、どのような投稿が最もエンゲージメントを得たかをもとに、新しい投稿のアイデアを生成します。ある企業が新製品を発売する際、AIツールを使ってターゲット層に響くキーワードや画像スタイルを選定し、SNSキャンペーンを展開することで、短期間でフォロワー数とエンゲージメント率を向上できます。

ペルソナを意識する

ターゲットを明確に設定することも、SNS投稿の成功に不可欠です。自分の投稿が誰に向けられているのかを理解し、そのターゲットが何に興味を持っているのかを分析することで、より効果的なメッセージを伝えることができます。簡単なものでもペルソナを設定し、AIに指示することで、ターゲットの属性や興味関心を解析し、それに基づいた投稿内容を提案することができるため、より精度の高いマーケティングができます。

例えば、女性向けの健康食品をPRしたい場合、ペルソナとして「30代の女性で、健康志向が強く、ヨガやフィットネスに興味がある」といった詳細な人物像をAIへ指示します。このペルソナには、年齢、性別、職業、趣味、SNSの利用傾向などが含まれます。

簡潔でインパクトのある表現を使う

SNSの世界では、短くてインパクトのあるメッセージが有効です。情報が溢れる中で、長文の投稿は読み手の関心を引くのが難しいため、できるだけ簡潔にまとめることが重要です。AIは、文章の要点を抽出し、分かりやすい言葉に置き換えることができるため、投稿内容をより効果的に伝えるサポートをしてくれます。

例えば、「この製品は、従来品に比べて、より高い耐久性と機能性を備えています。」といった文章を、AIによって次のように、短くインパクトのあるフレーズに変えることができます。

特徴を強調： 破壊不能！機能満載！新製品登場！

競合との差別化： 従来品とは次元が違う！圧倒的な性能！

顧客のメリットを訴求： もっと長く、もっと快適に。

視覚的な要素を活用する

　画像や動画などの視覚的要素は、SNS投稿の魅力を大きく高めます。AIは、トレンドに合った視覚的な要素や仕様に合った最適なレイアウトを提案してくれるため、投稿の質を高めることができます。例えば、Instagramでは正方形の画像が一般的ですが、リールやストーリーへの投稿は9:16の縦長サイズです。AIは、投稿先の仕様に合わせた提案をしてくれます。

ハッシュタグとキャプションの活用術

　ハッシュタグとキャプションは、投稿の検索性を高め、ターゲットに訴えるために重要な要素です。AIを活用することで、トレンドに合ったハッシュタグの提案や、効果的なキャプションの生成が可能になります。特にハッシュタグは、特定のキーワードやテーマに基づいて選定されるため、投稿の発見されやすさを向上させることができます。また、キャプションは短くても魅力的にすることが求められ、AIはこのバランスを保ちながら効果的な文章を提案してくれます。例えば、猫の画像に対しては、猫の特徴や感情、ターゲット層を分析し、「ふわふわの毛並みが可愛い！＃猫　＃癒し ＃猫好きさんと繋がりたい」といった、猫好きが共感するような、短くても興味を持てるようなハッシュタグやキャプションを提案します。

SNS投稿における注意点

　AIを活用した投稿には多くのメリットがありますが、いくつかの注意点も押さえておく必要があります。まず、個人情報の管理には細心の注意を

払いましょう。SNS上でのプライバシーの保護は非常に重要で、情報の公開範囲を慎重に設定することが求められます。また、SNS上の表現方法には誤解を招く可能性があるため、相手に意図が正しく伝わるよう心掛けることが大切です。炎上やトラブルを避けるためには、発言内容を十分に確認し、他者を傷つけないように注意することが必要です。AIの助言を活用することで、これらのリスクを最小限に抑えつつ、効果的なコミュニケーションを図ることができます。

例えば、AIに炎上防止のための注意点を尋ねると、差別的な表現や不確かな情報の拡散を避けるよう促し、言葉遣いや事実確認の重要性をアドバイスしてくれます。

●ChatGPTとGeminiを活用した効果的なSNS投稿文の作成方法

次に事例を紹介します。ここでは筆者がChatGPTで文章を作成し、Canvaを使って画像を作成して、Geminiで校正を行い、Instagramに投稿しています。

ChatGPTとGeminiを活用することで、SNS投稿が一層スムーズかつ効果的になります。これらのAIツールは、ターゲットに合わせたメッセージの調整や、最新トレンドを反映した内容の提案をしてくれるので、投稿のエンゲージメントが自然と高まる投稿文を作成できます。

なおCanva（キャンバ）とは、誰でも簡単にプロ並みのデザインができるオンラインツールです。豊富なテンプレートや素材を活用して、ポスター、プレゼン資料、SNS投稿画像など、様々なデザインを制作できます。

6.3 SNS 投稿文の作成（ChatGPT と Gemini）

●ChatGPT：SNS投稿文の生成

　今回は事例として、「ハーブについての豆知識」についてのInstagramを作成してみます。

▼図6-3-1　ChatGPT による Instagram 投稿の文書作成

[C1]### 指示 ###
下記空欄に合わせて、①②③にInstagramフィード投稿のキャプションを書いてください。

文脈（背景）：
あなたはハーブ通販たっきーです。
たっきーの視点から書いてください。

テーマ：
"風邪をひいたとき"

空欄：
あなたを元気にするハーブ豆知識　3選
①
②
③

[C2]### 指示 ###
生成結果の内容に有効な#を5つ教えてください。

Run[C1]→[C2]

①

「エキナセア」で免疫力を高めて、風邪の初期症状を軽減しましょう！エキナセアは、免疫システムを強化し、風邪をひきやすい時期にも頼れるハーブです。ティーにして飲むのが簡単でおすすめです。

②

「ジンジャー」で体を温め、寒気や悪寒を和らげましょう。ジンジャーには抗炎症作用があり、喉の痛みや鼻づまりにも効果的です。ホットティーにハチミツを加えて、風邪の症状を和らげましょう。

③

「エルダーベリー」は風邪やインフルエンザの症状を緩和すると言われる伝統的なハーブです。ビタミンCが豊富で、免疫サポートに役立ちます。シロップやキャンディーとして摂取するのがおすすめです。

　生成された後、それをもとにInstagramのフィードに表示する文字にするため、キャプションを要約します。

6.3 SNS 投稿文の作成（ChatGPT と Gemini）

プロンプト

下記の文章を30文字以内に要約してください。

「エキナセア」で免疫力を高めて、風邪の初期症状を軽減しましょう！
エキナセアは、免疫システムを強化し、風邪をひきやすい時期にも頼れるハーブです。
ティーにして飲むのが簡単でおすすめです。

ChatGPT の回答

エキナセアで免疫力を高め、風邪の初期症状を軽減します。

この回答をもとに、Canvaで画像やレイアウトなど仕上げていきます。

●Gemini：補完的な校正

　ChatGPT が作成したInstagram の内容について、補完的にGeminiに確認してもらいます。例えば、内容が専門的な場合、その情報が正しいのか、また、最新情報なのかといった風に使うイメージです。Geminiには「論文に強い、最新の情報に強い」といった特徴があるので、文章を書くというより、検索や調べものに使うと大変便利だと感じています。

　現在のAI技術では、学習データから外れた質問に対して、ありえない答えを自信満々に答えてしまう、いわゆるハルシネーション問題が解消されていません。そのため、AIの回答が正確な情報なのか、自分で見極める必要があります。そのサポートにGeminiは活用できます。

　ChatGPT のハーブの情報が正しいかをGeminiに聞いてみます。

▼図6-3-2　Geminiによる回答

指示
風邪のときに役立つハーブの情報として下記の内容は正しい情報でしょうか？

① 「エキナセア」で免疫力を高めて、風邪の初期症状を軽減しましょう！エキナセアは、免疫システムを強化し、風邪をひきやすい時期にも頼れるハーブです。ティーにして飲むのが簡単でおすすめです。

② 「ジンジャー」で体を温め、寒気や悪寒を和らげましょう。ジンジャーには抗炎症作用があり、喉の痛みや鼻づまりにも効果的です。ホットティーにハチミツを加えて、風邪の症状を和らげましょう。

③ 「エルダーベリー」は風邪やインフルエンザの症状を緩和すると言われる伝統的なハーブです。ビタミンCが豊富で、免疫サポートに役立ちます。シロップやキャンディーとして摂取するのがおすすめです。

ご質問ありがとうございます。

風邪のときに役立つハーブの情報ですね。①〜③のそれぞれの情報について、概ね正しいと言えるでしょう。ただし、もう少し詳しく見ていきましょう。

① エキナセア

- **免疫力向上**: エキナセアは、免疫システムを刺激し、風邪ウイルスに対する抵抗力を高める可能性が示唆されています。
- **注意点**: 効果については個人差があり、すべての風邪に効果があるわけではありません。また、長期的な使用や過剰摂取は避けるべきです。

② ジンジャー

- **体を温める**: ジンジャーの辛味成分は、体を温め、血行を促進する効果があります。
- **抗炎症作用**: ジンジャーオールなどの成分には、炎症を抑える作用があり、喉の痛みや鼻づまりを緩和する可能性があります。
- **注意点**: 胃腸が弱い人は、刺激が強すぎる場合があります。

③ エルダーベリー

　ChatGPTの情報は正しいようですが、Geminiは更に詳しい回答を出してくれました。

　ChatGPTの文章に加え、変更してもいいかもしれません。

　例えば、1枚のフィードの中に、短いフレーズとそれを補う少し詳しい文章を入れるなどです。

▼図6-3-3　ChatGPTとGeminiを組み合わせたイメージ

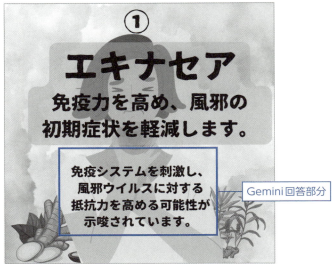

●Geminiを更に活用する

　Geminiは、単に補完的に文章や用語を確認するだけでなく、そもそものテーマを探し分析するために使用するのもおすすめです。

　2024年、Instagramで「再生回数」や「いいね」が多いテーマについて聞いてみます。

　質問そのものがナンセンスなのかもしれませんが、ここでは、他の生成AIと比較した際の確率を重要視しています。ちなみに、このような調べものという用途の際は、後ほど紹介する検索系生成AIのPerplexityなどの方が確実性が高いです。

▼図6-3-4 テーマ探しに活用

>
> ###指示###
> Instagramで再生回数やいいねが多いテーマを具体的に教えてください。ただし、2024年の情報から教えてください。
>
> **2024年、Instagramで人気のテーマ**
>
> 2024年現在、Instagramで再生回数やいいねが多いテーマは、時代のトレンドやユーザーの興味関心の変化を反映して、多岐にわたっています。以下に、いくつかの具体的なテーマと、人気の理由を解説します。
>
> **人気テーマとその理由**
>
> - 美容・コスメ
>   - 新しいコスメブランドのレビューやメイクアップチュートリアル、スキンケアルーティンなどが人気です。特に、韓国コスメや自然派コスメへの関心が高まっています。
>   - **人気の理由:** 美意識の高まりや、多様な美容情報へのアクセス性向上
> - ファッション
>   - コーディネートの提案、プチプラファッション、サステナブルファッションなど、幅広いテーマが人気です。特に、個性的なスタイルやトレンドアイテムの紹介が注目されています。
>   - **人気の理由:** ファッションに対する関心の高さ、自己表現の場としてのInstagram
> - グルメ
>   - 新しいレストランの紹介、レシピ動画、カフェ巡りなど、食に関するコンテンツが人気です。特に、映える料理やスイーツ、海外のグルメ情報が注目されています。
>   - **人気の理由:** 食に対する興味の高さ、SNS映えする写真への欲求

　人気のジャンルやテーマは多岐にわたりますが、特に注目されているジャンルを表示してくれました。

　また、現在のトレンドだけでなく、人気の理由や今後のトレンド予想もしてくれます。この中で、自分の得意なこと、興味のあることをテーマに選び、ChatGPTに文章や画像のイメージを考えてもらうといいでしょう。

6.4

メールマガジンの執筆（ChatGPTとGemini）

―――――● この節の内容 ●―――――

▶ メルマガ執筆を簡単に魅力的にする方法
▶ ChatGPTによるメルマガ執筆の例
▶ メルマガ執筆の生成を助けるGeminiの使い方

●メールマガジンを簡単に魅力的に執筆する方法：ChatGPT の活用例

ChatGPTは、AIによる文章生成の分野で非常に優れたツールとして評価されています。メールマガジン執筆においてChatGPTが特に推奨される理由は、以下の点にあります。

効率的な文章生成

与えられたテーマやキーワードに基づき、自然で流れるような文章を短時間で生成できます。メールマガジンのトーンや内容を指定することで、読者に響く内容を手軽に作成できます。

多様なアイデアの提案

膨大なデータをもとに、ユーザーのリクエストに応じた新しいアイデアを提供することが得意です。これにより、単調なコンテンツに陥らず、毎回新鮮で興味を引くメールマガジンを作成することが可能になります。

時間とコストの節約

　従来、メールマガジンの執筆にはリサーチや文章構成に時間がかかりますが、ChatGPTを使えば、その時間を大幅に短縮できます。短期間で多くの内容を作成できるため、マーケティングチームのリソースを有効活用できます。

●Geminiの役割

　ChatGPTによるメールマガジンのドラフト作成に加え、Geminiは校正や改善において重要な役割を果たします。

校正＋校閲

　Geminiは、より洗練された言葉遣いや表現、プラスの情報を提案するため、メールマガジン全体の質を向上させます。冗長な表現などを修正し、特にターゲットオーディエンスに合わせたトーンやスタイルの調整に役立ちます。

●メールマガジン執筆の工程においてAIに任せること

トピック選定とキーワード調査

　ChatGPTに、メールマガジンで取り上げるべきトピックのアイデアを提供させます。例えば、「働く女性向けの朝の時短レシピ」というテーマで、関連するキーワードや注目のトピックを生成します。

記事のアウトライン作成

　ChatGPTを使って、メールマガジンの構成を作成します。段落ごとの見出しや、紹介するポイントを効率的に整理することで、論理的で分かりやすい文章構成を設計します。

本文の執筆

設定されたアウトラインに基づいて、ChatGPTが本文を作成します。例えば、「忙しい朝に3分で作れる卵トーストのレシピ」について、レシピの詳細や調理方法を自然な言い回しで生成します。

校正と最適化

ChatGPTが作成した文章をGeminiで校正します。文法のチェックだけでなく、ターゲット読者に合った言葉の選定や表現の改善を行い、よりプロフェッショナルな内容に仕上げます。

このように、ChatGPTとGeminiを組み合わせることで、効率的かつ質の高いメールマガジンを作成することができます。最終的な微調整の段階で、オリジナリティを出すために人間の視点を反映させ、メールマガジンをより魅力的に仕上げます。

● ChatGPTを利用したメルマガ作成のステップ

最初の一歩：テーマ設定

メルマガ作成において最初に取り組むべきステップは、テーマ設定です。メルマガのテーマは、その内容を左右する最も重要な要素であり、ターゲットの興味を引き、行動を促すための基盤となります。しかし、定期的に配信するメルマガのテーマを毎回新しく考えるのは簡単なことではありません。ここで役立つのがChatGPTです。

ChatGPTを利用することで、膨大なデータからインスピレーションを得て、ターゲットや配信の目的に合わせた適切なテーマを設定することができます。

例えば、ターゲットが20代女性であれば、「仕事終わりにリラックスでき

6.4 メールマガジンの執筆 (ChatGPT と Gemini)

るセルフケアアイデア」や「忙しい朝でも簡単にできるヘアスタイリング法」など、ターゲットのライフスタイルに沿ったテーマを提案することができます。また、新商品やサービスをプロモーションする際には、その商品の特性やベネフィットを強調したテーマを設定することで、読者の興味を引きつけることができます。このように、ChatGPT を活用することで、メルマガのテーマ設定が効率的かつ効果的に行えます。

読者を引き込む：タイトル作成

次に重要なのが、メルマガのタイトル作成です。タイトルは、読者がメールを開封するかどうかを左右する非常に重要な要素です。ChatGPT を使用してタイトルを作成する際には、まずプロンプト設定が鍵となります。これによって生成されるタイトルの質が決まります。

例えば、ターゲットが「忙しい働く女性」であり、メルマガの目的が「新しい時短レシピの紹介」であれば、「忙しい毎日に嬉しい！簡単時短レシピ10選」や「5分で作れるおしゃれランチレシピ」など、ターゲットが思わず開封したくなるようなタイトルを提案できます。ここでのポイントは、ターゲットのニーズや関心をしっかりと捉え、それに応える形でタイトルを作成することです。

更に、ChatGPT は複数のタイトル案を一度に生成する能力があります。これにより、メルマガ担当者は提案されたタイトル案の中から最も適切なものを選ぶことができます。また、タイトルにインパクトを持たせたい場合には、「驚き」「感動」「緊急性」などの要素を組み込むと効果的です。

例えば、ターゲットが「忙しい働く女性」であり、メルマガの目的が「新しい時短レシピの紹介」の場合、「"驚き""感動""緊急性"などの要素を組み

込みこんだタイトルを3つ紹介して」といった指示を出すことで、更にインパクトのあるタイトルを考えてくれます。

「えっ、たった3分!? 驚きの時短レシピで朝の時間革命!」（驚き）

「感動！忙しい朝でも1分で完成する簡単絶品レシピ」（感動）

「今すぐ試して！時間がなくても美味しい朝食が作れる緊急レシピ」（緊急性）

ChatGPTの力を借りて、読者が思わずクリックしたくなるような魅力的なタイトルを作り上げましょう。

メッセージを届ける：本文執筆

テーマとタイトルが決まったら、次は本文の執筆に移ります。本文は、メルマガの中心部分であり、読者にメッセージを伝える最も重要なパートです。ここでもChatGPTは非常に有用なツールとなります。本文を作成する際のプロンプト設定に工夫を凝らすことで、ターゲットに響く文章を効率的に作成することができます。

例えば、新商品の紹介を目的とするメルマガであれば、「ターゲット：20代から30代の女性」「商品の特長：時短調理が可能なキッチングッズ」「解決したい課題：忙しい日常でも簡単に料理を楽しめる」といった具体的な情報をプロンプトに含めることで、読者に共感を呼ぶ文章が生成されます。ChatGPTは、こうした具体的な指示を与えることで、ターゲットに合わせたメッセージを的確に作成することができるのです。

また、本文作成においては、読者の興味を引き続ける工夫も必要です。例えば、ストーリーテリングの手法を取り入れることで、読者の共感を得や

6.4 メールマガジンの執筆（ChatGPT と Gemini）

すくし、最後まで読ませる効果があります。ChatGPT に「この商品のストーリーを交えて紹介してください」といったプロンプトを与えることで、ただ商品を紹介するだけでなく、読者の感情に訴える文章を作成できます。

更に、本文の最後には、読者に具体的なアクションを促す言葉を忘れずに含めることが大切です。ChatGPT を使えば、「商品の購入はこちらから」「詳細情報は今すぐチェック」など、自然で効果的な文章を挿入することができます。

●実践：ChatGPT を使ってメルマガを作成する

ChatGPT を使ってメルマガを作成する際には、まずプロンプトが重要です。例えば、女性に新商品の紹介を目的としたメルマガを作成する場合のプロンプトと生成結果を紹介します。

6

その他の活用方法

6.4 メールマガジンの執筆（ChatGPT と Gemini）

▼図6-4-1　ChatGPTによるメールマガジン執筆

指示
朝の時短レシピを紹介するメルマガを作成してください。
文字数は1000文字前後で書いてください。

文脈（背景）：
あなたはメールマガジン執筆者です。

内容：商品特徴を強調し、手軽さとおいしさを伝えることに重点を置いてください。

ターゲット：働く20代女性

Ⅰ Memory updated

朝の時短レシピを楽しもう！

こんにちは、働く女性の味方、時短レシピマガジンです！忙しい朝でも、ささっと作れるおいしいレシピをお届けします。今回ご紹介するのは、手軽に作れて栄養バランスもばっちりの「卵トースト」レシピです。

◯ とろ〜り卵トーストレシピ ◯

材料（1人前）：

- 食パン 1枚
- 卵 1個
- マヨネーズ 適量
- 塩・こしょう 少々
- 好みで野菜（トマトやアボカドなど）少々

作り方：

1. **トーストの準備**
   食パンにマヨネーズを薄く塗り、真ん中を少しへこませます。
   ↓

このように、ターゲットや目的を明確にしたプロンプトを設定することで、ChatGPTは具体的かつ効果的なメルマガを生成します。

特に指定はしていなくても、ちゃんとメルマガらしい始まりと終わりになっています。内容も簡単レシピでおいしそうです。早速試してみたくなる内容に仕上がっています。

6.4 メールマガジンの執筆（ChatGPT と Gemini）

●作成したメルマガを Gemini で推敲し、仕上げる

メルマガは ChatGPT に任せて終わりではありません。次に、生成された メルマガを推敲し、必要に応じて改善を行います。例えば、文法や表現の チェック、ターゲットに響くかどうかの確認を行い、更に読者の興味を引 くための工夫を加えます。ChatGPT が生成する内容は質が高いものの、最 終的な調整は必須です。

そこで、ChatGPT とは異なる AI、Gemini を使って推敲してみましょう。

ChatGPT で作成されたコンテンツを、更に洗練された形に整えるため、 Gemini を活用します。これにより、高精度かつ最新の情報を反映した文章 を作り上げることができます。

Gemini は ChatGPT とは異なる大規模言語モデルを使用しており、文法や 表現の微妙なニュアンスまでを客観的に検証し、修正します。そのため、文 章の正確性や一貫性が求められるメルマガのようなコンテンツでは、 Gemini による推敲が効果を発揮します。

実際に Gemini を活用して、メルマガをより完璧なものに仕上げる方法を 紹介します。

6 その他の活用方法

213

6.4 メールマガジンの執筆（ChatGPT と Gemini）

▼図6-4-2　Geminiによるメールマガジン推敲のプロンプト

```
### 指示 ###
下記文章を推敲してください。
主に、誤字脱字、言い回し、倫理的法的な観点、情報の正確性、追加情報をチェック
してください。

文脈（背景）：
あなたはメールマガジン執筆者です。

文章：
"""
### 朝の時短レシピを楽しもう！ ###

こんにちは、働く女性の味方、時短レシピマガジンです！忙しい朝でも、ささっと作
れるおいしいレシピをお届けします。今回ご紹介するのは、手軽に作れて栄養バラン
スもばっちりの「卵トースト」レシピです。

---

### 🥚 とろ〜り卵トーストレシピ 🥚

#### 材料（1人前）：
- 食パン 1枚
- 卵 1個
- マヨネーズ 適量
- 塩・こしょう 少々
- 好みで野菜（トマトやアボカドなど）少々

---

#### 作り方：
1. **トーストの準備**
   食パンにマヨネーズを薄く塗り、真ん中を少しへこませます。
2. **卵を割り入れる**
   食パンのへこませた部分に卵を割り入れ、塩・こしょうをふりかけます。
3. **トーストする**
   トースターで卵が半熟になるまで焼きます（約7〜8分）
```

　プロンプトの「文章："""　"""」の中に、ChatGPTで執筆したメールマガジンの全文を挿入します。

▼図6-4-3　Geminiによる回答

> ### 指示 ###
> 下記文章を推敲してください。
> 主に、誤字脱字、言い回し、倫理的法的な観点、情報の正確性、追加情報をチェックしてください。…
>
> 回答案を表示 ⌄ 🔊
>
> **提案**
>
> **全体的な印象**
>
> 文章は非常に分かりやすく、読者への訴求力も高いです。誤字脱字もほとんどなく、全体的に良くできていると言えるでしょう。
>
> **改善点と提案**
>
> **1. レシピの多様性**
>
> - **バリエーションの提案:** 卵トーストは定番ですが、もう少しバリエーションがあると読者も飽きずに楽しめます。例えば、チーズをトッピングしたり、ベーコンやソーセージを加えたりするなどの提案はいかがでしょうか。
> - **アレンジレシピ:**「アレンジレシピ」のコーナーを設け、読者自身が自由にアレンジできるようなヒントを与えるのも良いでしょう。例えば、「お好みのスパイスで味をアレンジしてみましょう」「野菜は、レタスやほうれん草など、お好きなものを加えてください」など。
>
> **2. 健康面への配慮**
>
> - **栄養バランス:** 卵トーストは栄養価が高いですが、もう少し具体的に栄養面について触れると、読者の参考になるでしょう。例えば、「卵には良質なタンパク質が豊富に含まれており、一日の始まりにぴったりの食材です」といったように。
> - **健康的な食材の提案:** トッピングする野菜についても、栄養価の高いものを具体的に紹介すると、より健康意識の高い読者にもアピールできます。例えば、「ビタミンCが豊富なトマトや、食物繊維が豊富なアボカドがおすすめです」など。

　生成結果は、推敲の箇所を端的に示した上で、修正後の文章例も作成してくれました。

6.5

広告コピーの作成 （ChatGPTとGemini）

● この節の内容 ●

▶ 魅力的な広告コピーの作成に必要な要素
▶ ChatGPTによる広告コピーの生成例
▶ 広告コピーの生成を助けるGeminiの使い方

●コピーライティングの構成要素を押さえる

　効果的な広告コピーを作成するためには、コピーライティングの基本的な構成要素を理解し、それぞれに適切な役割を持たせることが重要です。広告コピーライティングは主にキャッチコピー、ボディコピー、クロージングコピーの3つのパーツに分かれています。それぞれが連携して広告の効果を最大化します。

キャッチコピー（タイトル）

　キャッチコピーは、広告において最も目立つ部分であり、読者の注意を瞬時に引きつける役割を担います。短くてインパクトのある言葉選びが求められるキャッチコピーは、ブランドのイメージを強化し、商品の魅力を一瞬で伝える必要があります。例えば、「お値段以上」や「そうだ 京都へ行こう」などの有名なキャッチコピーは、短いながらも強烈な印象を与え、記憶に残りやすいです。

6.5 広告コピーの作成（ChatGPT と Gemini）

ボディコピー（本文）

　キャッチコピーで読者の興味を引いた後は、その興味を維持し、更に深めるためにボディコピーが重要となります。ボディコピーは、商品やサービスの具体的な情報を提供し、読者にその価値を理解させる役割を果たします。ここでは、商品の特徴や利点、使用方法などを詳しく説明し、読者の疑問に答えることが求められます。

クロージングコピー（購入誘導）

　広告の最後に配置されるクロージングコピーは、読者に具体的な行動を促すための重要な要素です。キャッチコピーとボディコピーで興味を引き、理解を深めた後、クロージングコピーは「今すぐ購入」「限定オファー」「こちらからお申し込み」などの行動を促す言葉で締めくくります。

　例えば、キャッチコピー、ボディコピー、クロージングコピーをセットにした飲料広告の場合を紹介します。

> **例**
>
> **キャッチコピー**：ゴクゴク飲める爽快感。
> **ボディコピー**：天然素材100％の炭酸飲料。暑い夏にぴったりの爽快な味わいが、あなたをリフレッシュさせます。
> **クロージングコピー**：冷蔵庫に常備して、いつでもどこでも爽快に！

●広告コピーを作る際に必要な要素

　以下に、広告コピーを作る際に必要な要素を簡単にまとめました。これらの要素を意識することで、効果的でインパクトのあるキャッチコピーを作成することができます。

6

その他の活用方法

217

直感的に伝わる明快さ

商品やサービスの特長が一目で分かるようにすることが重要です。複雑な表現を避け、誰にでも理解できる言葉を選ぶことが求められます。

ブランドイメージとの一致

ブランドのイメージやトーンに合ったものにする必要があります。ブランドの価値観やコンセプトを反映させることで、一貫性を保ちます。

インパクトがある

言葉のリズムや響きを工夫し、記憶に残りやすいキャッチコピーを目指します。短く力強い表現が理想です。

語感の良さと覚えやすさ

語感が良く、耳に残るフレーズを使用することで、消費者に印象付けやすくなります。リズムや韻を意識すると効果的です。

発見、驚き、刺激を与える

斬新で意外性のあるフレーズを含めることで、消費者に新しい視点を提供したり、興味を喚起させます。

感情や欲求を揺さぶる

消費者の感情や欲望に訴える表現を取り入れることで、心理的な共感や購入意欲を刺激します。

数字を使った説得力

具体的な数字やデータを用いることで、キャッチコピーに信頼性と説得力を加えます。

専門性や権威性の付加

専門的な知識や権威ある立場を感じさせる表現を取り入れることで、信頼性を高め、消費者の安心感を引き出します。

文字数の制約

特にキャッチコピーは、短く、シンプルに表現することが重要です。25文字程度に収めることで、視認性を高め、印象に残りやすくします。

多様な視点・切り口

一つのコピーに固執せず、異なる角度から複数のコピー案を作成することで、最も効果的な表現を見つけることができます。

これらの要素を組み合わせることで、ユーザーに響く広告コピーができるでしょう。

そして、ChatGPTなどのAIを活用する場合にも、これらの要素を活かすことができます。

●コピーライティングにAIツールを活用する

広告コピー作成において、ChatGPTなどのAIは非常に強力なツールとして活用できます。特に、アイデアが行き詰まった時や時間が限られている場合に、新たな視点やプロンプトを提供することで、従来の発想にとらわれないアイデアを引き出す手助けとなります。

ChatGPTが広告コピーにおいて他のAIより優れている点は、大量のテキストデータを学習し、人間と遜色ない自然な文章を生成できるところです。文脈を理解し、多様な表現を駆使するため、ターゲット層や商品に合わせた、魅力的なコピーを短時間で作成できます。また、柔軟な対応により、フィードバックを活かしてコピーを改善し、より効果的な広告に仕上げる

ことができます。

　AIを効果的に活用するためのコツは、まずプロンプトに具体的な情報を入力することです。商品やサービスの特長、ターゲット層、ブランドイメージを簡潔に箇条書きで示すことで、より精度の高い提案を得ることが可能です。また、AIが生成したアイデアをそのまま使用するのではなく、ヒントとして活用し、自分のアイデアと組み合わせることで、独自性のあるキャッチコピーを作成できます。

　更に、AIをブレスト相手として活用することで、アイデア出しの効率を大幅に向上させることができます。一人で考え込まず、AIに新たな視点を求めることで、より良いコピーを迅速に生み出せるでしょう。

　ただし、他社のキャッチコピーと類似しないよう、商標権の確認は欠かせません。AIの出力結果を適切に検証し、法的なリスクを回避することが重要です。次のステップとして、生成されたコピーが法的および倫理的に問題がないか、ターゲットに適切に響くかを検証することが重要です。

●ChatGPTとGeminiを活用した効果的な広告コピーの生成方法

　ここでは、ChatGPTで生成した広告コピーと、その広告コピーをGeminiで検証し、最適な表現を見つけ出す方法について解説します。

ChatGPTを使って効果的な広告コピーを作成

　ChatGPTなどのAIを使って広告コピーを作成する時に重要なのはプロンプトです。例として、時間管理のためのアプリサービスの新商品の紹介を目的とした広告コピーを作成する場合のプロンプトを紹介します。

6.5 広告コピーの作成（ChatGPT と Gemini）

▼図6-5-1　ChatGPTによる広告コピー作成

```
### 指示 ###
ブランドイメージに合致したインパクトのあるキャッチコピーを作成してください。

条件：
・キャッチコピーは25文字程度に収める
・複数の視点からキャッチコピーを作成する
・語感が良く覚えやすい表現を使用する
・キャッチコピーの提案理由や利点、欠点を明確にする
・必要に応じて、商標権の確認など法的リスクを考慮する

文脈（背景）：
あなたは広告コピーライターです。

内容：
商品である"時間管理のためのアプリサービス"の特長を簡潔に伝える。
特徴はシンプルな見た目と、計画と達成に対する感情を表すスタンプを残し、達
成度合いが一目で分かる分かりやすさ。

ターゲット：
商品やサービスに興味を持ちうる消費者層。ブランドが狙う特定のターゲットとし
て、30代ビジネスパーソン

                                                    〈  2/2  〉
```

キャッチコピー案 1:

「シンプル操作で感情も見える、時間管理アプリ」**提案理由：** シンプルな操作性と感情を可視化できるスタンプ機能を短いフレーズで表現しました。覚えやすく、ビジネスパーソンが求める効率性と感情管理の両立を強調しています。
利点： 特徴がわかりやすく、ターゲットに共感を呼びやすい。
欠点： 感情スタンプの具体性が不足している可能性がある。

キャッチコピー案 2:

「感情スタンプで見える、あなたの時間管理」**提案理由：** アプリの特徴である感情スタンプに焦点を当て、使うことで自身の管理が可視化されることを強調しました。感情にフォーカスすることで、ユーザーに親近感を与えます。
利点： 使うことで得られるメリットを直感的にイメージしやすい。
欠点： シンプルさという部分がやや薄れる可能性がある。

　今回はキャッチコピーを作りましたが、ボディコピー（本文）やクロージングコピー（購入誘導）も同様に作成できます。

Geminiによる推敲

　次に、生成された広告コピーを推敲し、必要に応じて改善を行います。例えば、文法や表現のチェック、ターゲットに響くかどうかの確認を行い、更

6.5 広告コピーの作成（ChatGPT と Gemini）

に読者の興味を引くための工夫を加えます。ChatGPT が生成する内容は質が高いものの、最終的な調整は必須です。

そこで、ChatGPT とは異なる AI、Gemini を使って推敲してみましょう。

▼図6-5-2　Gemini による広告コピー推敲のプロンプト

```
### 指示 ###
下記文章を推敲してください。
主に、誤字脱字、言い回し、倫理的法的な観点、情報の正確性、追加情報をチェック
してください。

文脈（背景）：
あなたはキャッチコピーの作成者です。

文章：
"""
### キャッチコピー案 1:
「シンプル操作で感情も見える、時間管理アプリ」
**提案理由：** シンプルな操作性と感情を可視化できるスタンプ機能を短いフレーズ
で表現しました。覚えやすく、ビジネスパーソンが求める効率性と感情管理の両立を
強調しています。
**利点：** 特徴がわかりやすく、ターゲットに共感を呼びやすい。
**欠点：** 感情スタンプの具体性が不足している可能性がある。

---

### キャッチコピー案 2:
「感情スタンプで見える、あなたの時間管理」
**提案理由：** アプリの特徴である感情スタンプに焦点を当て、使うことで自身の管
理が可視化されることを強調しました。感情にフォーカスすることで、ユーザーに親
近感を与えます。
**利点：** 使うことで得られるメリットを直感的にイメージしやすい。
**欠点：** シンプルさという部分がやや薄れる可能性がある。

---

### キャッチコピー案 3:
「達成感も可視化する、ビジネス向け時間管理」
**提案理由：** 計画と達成の視覚化という機能に焦点を置き、ビジネスパーソンの達
成欲を刺激する言葉を選びました。
**利点：** 達成感を強調することで、仕事の効率を上げたいユーザーにアピールでき
る。
**欠点：** 感情スタンプの要素が弱め。

---
```

プロンプトの「文章：""" 　 """」の中に、ChatGPT で作成したキャッチコピーの全文を挿入します。

▼図6-5-3　Geminiによる回答

推敲の箇所を端的に示した上で、修正後の文章例も作成してくれました。具体的に指示はしていませんが、新規の提案や選定のポイントなど、私が思いつかなかったこと書いてくれました。アドバイスをもとに、ChatGPTとGeminiの案を再度見比べ、融合しながら、納得のいくコピーを作っていくことができます。

第 **7** 章

これから
流行りそうなAI

次のAIはコレ！
知っておきたい注目のAIトレンド

7.1 Claudeの概要と特徴

この節の内容

▶ Claudeの特徴と強み
▶ 無料版と有料版の違い
▶ Claude特有の機能の紹介

●Claudeの概要

Claudeは、Anthropic社（アメリカ）が開発した最先端の大規模言語モデルを用いた対話型生成AIです。OpenAIの元従業員により2023年3月に一般公開され、その後複数のバージョンがリリースされてきました。

最新バージョンは2024年3月に発表されたClaude 3シリーズで、性能順に「Opus」「Sonnet」「Haiku」の3つのモデルが展開されています。

Claude 3では、テキストだけでなく画像や音声など複数の情報を同時処理できるマルチモーダル機能が追加され、その機能が大幅に強化されました。

現在（2024年9月）の最新バージョンは、2024年6月に発表された「Claude 3.5 Sonnet」です。

処理能力の向上、大容量コンテキスト処理、画像解析能力、幅広いタスクへ対応、コーディング能力、Artifacts機能（スライド資料やフローチャートなどの視覚的コンテンツをリアルタイムで生成・編集）など多くの機能があります。

無料版では、Haikuモデルを使用しています。Claude 3.5 Sonnetの機能も制限付きではありますが、一部使用可能多くの機能があります。

7.1 Claudeの概要と特徴

　Claudeは「フレンドリーで熱心な同僚」をコンセプトの一つとしており、ユーザーフレンドリーな対話型インターフェースを通じて、幅広いタスクに対応可能な強力なAIアシスタントとして注目を集めています。

　また、Anthropic社は、「AIの安全性と倫理性」を非常に重視しています。このような考え方をシステムに搭載し、人権尊重や不適切なコンテンツの回避などを重視しています。

▼図7-1-1　Anthropic社のClaude

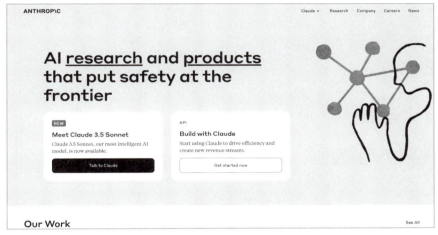

URL https://www.anthropic.com/

●Claudeの主要な特徴

Claudeは人間らしい自然な文章を生成する能力に優れ、かつ、複雑なタスクの処理能力に優れています。これにより、ビジネス文書やSNS投稿、コーディングなど、様々な用途に活用できます。次世代の自然言語処理モデルとして、いくつかの顕著な特徴を持っています。以下に、その主要な特徴を詳しく説明します。

大量テキスト処理

Claudeの大量テキスト処理能力は非常に優れています。最新のClaude 3モデルでは、最大20万トークン（約15万文字）もの長文を一度に読み込み、理解することができます。

長い論文や報告書、契約書などの複雑な文書を瞬時に分析し、重要なポイントを抽出したり、要約を作成したりすることが可能です。

高度な文脈理解能力

Claudeの高度な文脈理解能力は、人間との対話をより自然で意味のあるものにします。長時間の会話や複雑な議論においても、前後の文脈を正確に把握し、一貫性のある応答を維持できます。

自然な対話能力

Claudeの自然な対話能力は、人間の感情やニュアンスを的確に理解し、それに応じた適切な表現を選択することで、より自然で流暢な会話を実現しています。

▼図7-1-2　人間の感情やニュアンスを理解した回答例

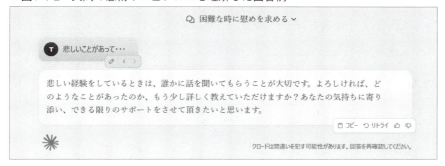

倫理的判断能力

Anthropic社は開発段階から倫理を重視し、Claudeに高度な倫理的判断基準を組み込みました。そのため、微妙な問題や倫理的ジレンマに直面しても、公平で責任ある回答を提供できます。

多様なタスクへの適応力

単なる質問応答だけでなく、複雑な文章生成、長文の要約、多言語間の翻訳、プログラミングコードの作成や修正、大量データの分析と可視化など、幅広い機能を備えています。

マルチモーダル対応

Claude3シリーズのマルチモーダル対応は、従来のテキスト処理に加え、画像の理解と分析が可能になりました。

ただし、実際に使った感想としては、その性能は他のＡＩに多少見劣りします。今後の進化が待たれます。

● Claude の強みと弱み

多くの優秀な特徴を持つClaudeの、他のAIにない強み、および弱みをまとめてみます。

強み

- 文脈理解力が高く、適切な応答が可能
- 複数の言語に対応し、多言語でのコミュニケーションをサポート
- 文章フレームワークに沿った構造化された文章作成が得意
- アーティファクト機能により、会話の横にある専用画面にコードや結果を同時に作成、表示
- 倫理的な判断能力が高く、不適切なコンテンツを回避

弱み

- 完全な独創性や長期的な一貫性の維持に課題がある
- 感情表現や深い感情の理解には限界がある
- マルチモーダル機能（画像処理など）は他のAIに比べて劣る
- 音声入力や音声回答はできない
- スマホアプリもあるが、音声入力や音声回答、アーティファクト機能は使えない
- 学習データは随時更新されるが、リアルタイム検索はできない

●無料版と有料版のモデルの比較

AIモデルの利用において、無料版と有料版には以下の違いがあります。無料版では「Claude 3 Haiku」モデルが主に使用されており、2024年3月か

ら「Claude 3 Sonnet」も制限付きですが利用可能となりました。

一方、有料版では「Claude 3 Sonnet」と「Claude 3 Opus」モデルが提供されており、より高度な処理能力を持つだけでなく、APIアクセスや企業向けの組み込み開発環境も利用できます。

追加情報

2024年6月にリリースされた「Claude 3.5 Sonnet」では、Artifacts機能が実装されました。これにより、コード、テキスト、ドキュメント、Webサイトデザインなどのコンテンツをリアルタイムで生成・表示できるようになっています。

▼図7-1-3　Artifacts機能実装例

どのAIにも言えることですが、無料プランより有料プランの方が使える機能は多く高性能です。ただし、Claud.aiに関しては、無料版であっても最新の生成モデルや機能が使えるなどのメリットがあります。また、実際に使用してみても、さくさく動き、回答も申し分ありません。個人で使用したい方にはピッタリです。

7.2 Claudeの使用実践例

この節の内容

- ▶ Claudeの使用方法
- ▶ ブログ作成や要約の実践例
- ▶ Claude特有の機能を活用

●Claudeの実践

　Claudeを使うには、まず登録する必要があります。今回はGoogleを使って進めていきます。電話番号入力、認証、名前の登録、注意事項などいくつかの質問がありますので、順番に進めて登録してください。

　登録が終わると、ホーム画面が開きます。Claudeは日本語の会話に対応していますが、インターフェースが英語表示です。

　画面の中央にある枠にプロンプトを入れ会話を開始します。

▼図7-2-1　ホーム画面

初対面なので、Claudeについて聞いてみます。回答形式は特に指示していませんが、構造的に分かりやすいすっきりした形の回答が返ってきました。生成スピードもストレスを感じない速さで、快適でした。

▼図7-2-2　質問と回答例

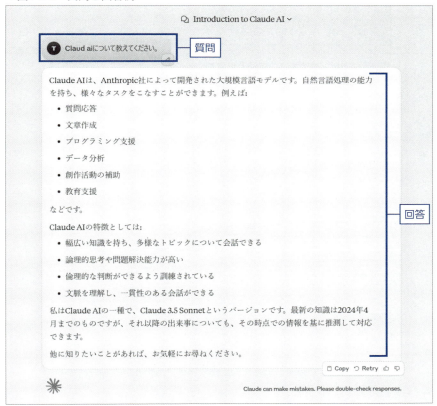

7.1でClaudeの特徴をお伝えしましたが、自然な文章力に優れ、ブログやSNSなどWebライティングが得意です。

実際にブログを書いてみましょう。まずはブログ用のペルソナを作ってもらいます。

7.2 Claude の使用実践例

▼図7-2-3　ペルソナ設定

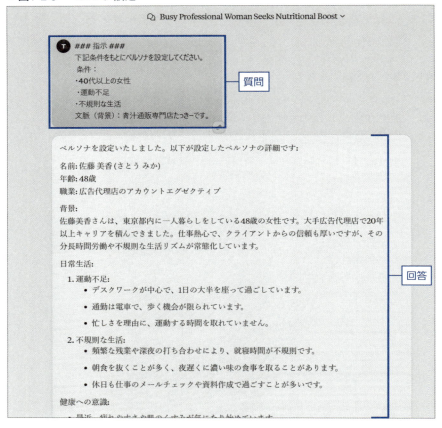

Claudeは要約も得意分野です。かなり詳しいペルソナができたので、その内容を要約してみます。

▼図7-2-4　内容を要約

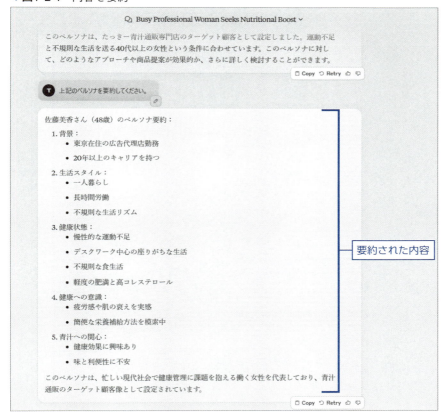

要約したペルソナを使って、実際のブログを書いていきます。

▼図7-2-5　ブログ記事作成

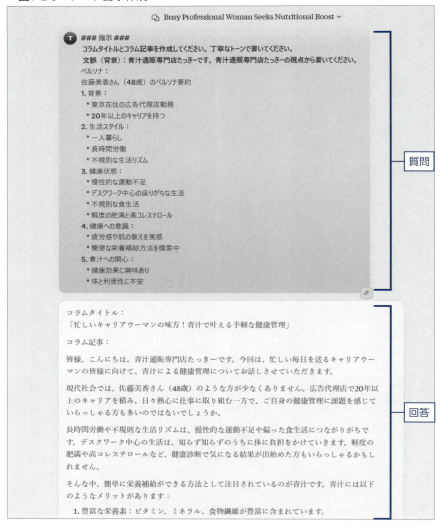

　生成スピードも速く、指定したトーンや視点もきちんと守られ、構造化された読みやすい文章になっているように感じます。
　また、なるべく修正を少なくしたい場合は、追加で以下のプロンプトもおすすめです。

> 条件：具体的な主語や人名を避けてください。

●Claudeの特別な機能：Artifacts機能

Artifacts機能とは、スライド資料やフローチャートなどの視覚的コンテンツをリアルタイムで生成・編集できる機能です。画面を2分割し、プロンプトと実装画面を同時に見ることができます。

まず、サイドバーを表示して、設定から、Artifacts機能が使えるかを確認してみます。

▼7-2-6 Settings(設定)の場所

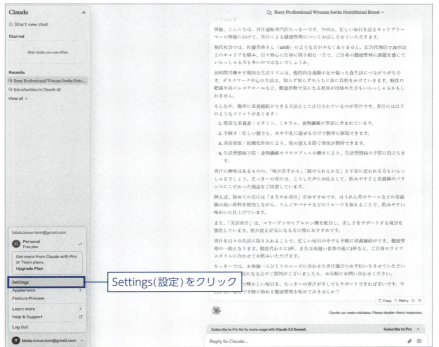

Settings(設定)の画面から「Enable artifacts」が「ON」になっているか確認します。

▼図7-2-7　Settings(設定)の画面

Artifacts機能が使える状態になっています。

今回は、分かりやすい例として、簡単なゲームを作ってみます。

ホーム画面に戻り、テトリスを作る指示を与えると、画面が2分割され、ゲーム用のコードが生成され始めました。

▼図7-2-8　ホームよりプロンプト入力

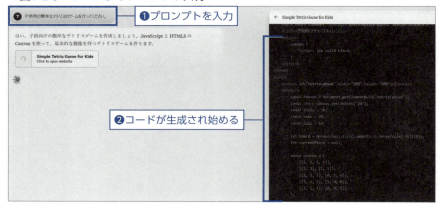

完成すると、左画面にはそのゲームの内容が生成され、右画面には、実際に動かせるゲームが生成されています。パソコンの上下左右の▼キーを使って操作します。

▼図7-2-9　ゲーム完成

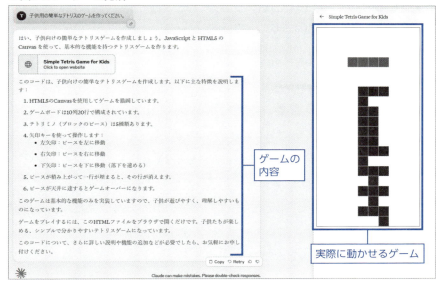

今までのAIでは、コードは書くことができても、実装環境は別に用意しないといけませんでした。同じ画面で実際に動かせるのは、大変便利です。

ゲームだけではなく、相関図のような図形なども同様の方法で、プレビューを見ながら作成することができます。

もちろん修正したい部分をプロンプトで指示すれば、新しい内容を反映できます。

Claudeには複雑な操作はなく、直感的に使えます。大容量の文書も処理できる上に、自然で、構造化された文章で回答してくれますので、あらゆる文書作成に有益だと思います。

7.3 Perplexityの概要と特徴

● この節の内容 ●

▶ Perplexity の特徴と強み
▶ 無料版と有料版の違い
▶ Perplexity特有の機能を紹介

●Perplexityの概要

　Perplexityは、Perplexity AI, Inc.（アメリカ）が開発した最新のAI技術を活用した革新的な対話型検索エンジンです。Google AI出身の研究者たちによって設立され、2022年にサービスを開始しました。

　従来の検索エンジンとは異なり、ユーザーの質問に対して自然言語で直接回答を生成する特徴を持っています。検索だけでなく、検索結果を加味して、ブログやSNS、広告などのWebライティングに関しても得意としています。

　この先進的なツールは、PerplexityBotという自前のクローラーと、第三者のクローラーサービスを併用して情報収集しており、高度な自然言語処理能力と最新の情報源へのアクセスを実現しています。

　更に、Perplexityはスマートフォンでも利用可能で、場所や時間を問わず情報収集ができる利便性も特徴です。基本的な機能は無料で利用できます。

7.3 Perplexity の概要と特徴

●Perplexity の主要機能

Perplexity は、対話型検索エンジンとして、自然言語での質問に対して直接的な回答を生成し、情報源を明示、最新のデータを取得し、複雑な質問にも対応可能です。

無料版でも基本機能が利用でき、有料版ではより高度な機能が提供されます。その主要な機能を以下に分かりやすく説明します。

AI駆動の対話型検索

従来の検索エンジンとは異なり、キーワードの羅列ではなく、ユーザーが日常会話のように自然な言葉で質問を入力すると、AIがその内容を理解し、関連情報を収集・分析して、直接的で具体的な回答を生成します。

プロサーチ機能

Perplexity のプロサーチ機能は、より高度で詳細な情報検索を可能にする有料機能です。主な特徴として、複雑な質問への対応力、深い調査や研究のサポート、最新情報の取得能力が挙げられます。

フォーカス機能を使ったより専門的な検索

検索範囲を特定の分野やテーマに絞り込む優れた機能です。この機能を使うことで、ユーザーはより専門的で詳細な情報を効率的に得ることができます。

例えば、「学術」「ニュース」「コーディング」などの分野を選択すると、その領域に特化した情報源から回答が生成されます。

▼図7-3-1　フォーカス機能

マルチモーダル対応

　マルチモーダル対応機能により、ユーザーはテキストによる質問だけでなく、画像やPDFなどの様々な形式のファイルをアップロードして分析することができます。

　ただし、無料版の場合は、画像のアップロードができません。テキストデータのみになります。

　例として、JR九州の時刻表（PDF）をアップロードし、その情報をもとに新幹線の本数を聞いてみました。

▼図7-3-2　PDFをアップロードして回答

情報の信頼性

AIは膨大なウェブ上の情報から信頼できるソースを選別し、最新かつ正確な情報を回答に反映させます。

回答の信頼性を高めるために、情報のソース（出典元）を明示しています。

提供された情報の正確性を容易に確認でき、ファクトチェックやクロスチェック（複数の情報源での確認）を容易にし、誤情報の拡散や誤解（いわゆるハルシネーション）のリスクを軽減します。

画面や使用言語の設定が自由

使用言語の設定では、インターフェースを母国語に変更でき、操作がより直感的になります。

Settings設定の画面ある「Language」から日本語を選ぶとインターフェースが日本語表示に代わります。

▼図7-3-3　インターフェースを母国語に変更

7.3 Perplexity の概要と特徴

●Perplexityの強みと弱み

多くの優秀な特徴を持つPerplexityの、他のAIにない強み、および弱み
をまとめてみます。

強み

- 検索機能と文書生成機能、分析機能などAIと検索エンジンのいいとこ取り
- 情報収集の質とスピードの向上
- 幅広いトピックへの対応力
- 文章生成が特に指示をしなくとも構造的で読みやすい
- 検索結果を他者と共有する機能がある
- 無料プランにおいてもプロサーチ機能が使える（制限があるが一定時間でリセットされる）
- スマホ版アプリには音声入力・音声回答の機能がある
- サインアップなしでも即座に使用可能
- 使用言語を選べる、設定をすると日本語の画面表示ができる

弱み

- 無料プランにおける高度な検索機能プロサーチは、概ね4時間で5回の回数制限がある
- web版には音声入力・音声回答機能は無い
- 無料プランにおけるスマホ版アプリの音声入力・音声回答の機能は回数制限がある
- 無料版の場合、文書生成能力があまり高いとは言えない

●無料版と有料版のモデルの比較

AIモデルの利用において、無料版と有料版（PRO）にはいくつかの違いがあります。

無料版では、基本的な質問応答や情報検索に適しています。基本的な検索には支障なく使えます。ただし、ブログなどの文章生成は高次モデルと比べると内容が薄い感じを受けます。また、特徴的な機能であるプロサーチは、概ね4時間で5回までの制限があります。

一方、有料版（PRO）では、より高度で正確な回答や分析が可能です。
特に高度なリサーチや専門的な情報収集、大量のデータ処理が必要な場合、画像生成などに適しています。

無料版であってもその実力は普段使いには十分です。次世代の検索エンジンともいえるPerplexity。一度使ってみる価値は十分にあります。

7.4 Perplexityの使用実践例

――― この節の内容 ―――

- ▶ Perplexityの使用方法
- ▶ ブログ作成や要約の実践例
- ▶ Perplexity特有の機能を活用

● Perplexityの実践

　Perplexityは、登録しなくても無料プランが使えます。ホーム画面からすぐに質問をすることができます。また、サイドバーの一番上にある「New Thread」をクリックしても会話が開始できます。どちらの方法でも新しい会話が始められます。

> **URL** https://www.perplexity.ai/

▼図7-4-1　ホーム画面：サインアップ前

7.4 Perplexityの使用実践例

　登録なしでもある程度の機能は使えますが、十分にPerplexityを使うことができません。今回は、Googleアカウントを使い登録して進めていきます。

　また、7.3でも説明しましたが、設定からインターフェースの言語を変更することができます。この後は日本語表示の画面で進めていきます。

「Perplexityについて」聞いてみました。

▼図7-4-2　「Perplexityについて」の質問

　大きな特徴は、回答の情報元を複数示してくれることです。また、その情報元のサイトへ移動できるため、参照した情報源の内容を詳しく確認することもできます。

7.4 Perplexity の使用実践例

▼図7-4-3　回答

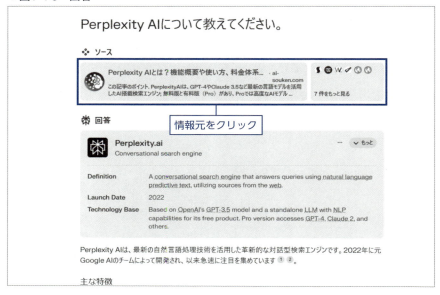

▼図7-4-4　情報元の確認

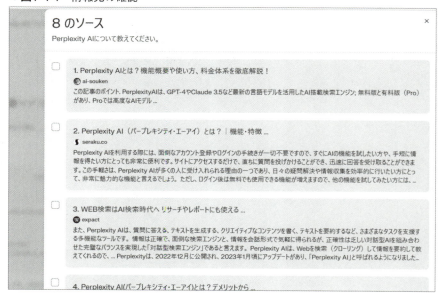

情報元(ソース)をクリックして、その内容を全て確認することもできます。

どこから参照したか、その参照元は正しい情報なのかなど簡単に確認することができるため、Perplexityの信憑性も上がります。

7.3でPerplexityの特徴をお伝えしましたが、検索機能だけでなく、その検索をもとにした文章作成も優れています。

まずはブログ用のペルソナを作ってもらいます。

▼図7-4-5　ブログ用のペルソナ

かなり詳しいペルソナができたので、その内容を要約してみます。

▼図7-4-6　ペルソナの内容を要約

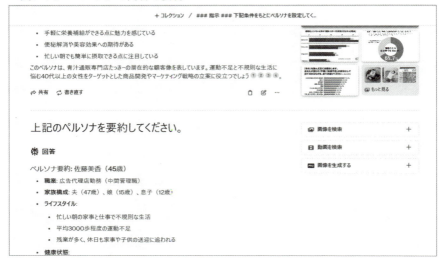

要約したペルソナを使って、実際のブログを書いていきます。

▼図7-4-7　ブログ記事作成

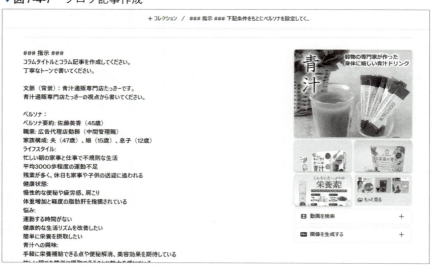

▼図7-4-8　回答

　生成スピードも速く、構造化された読みやすい文章になっているように感じます。ただし、コラムとしては、少し堅苦しいかもしれません。

●Perplexityの特別な機能：フォーカス機能

　フォーカス機能とは、検索の範囲を特定のカテゴリーに絞り込むことができる機能です。これにより、ユーザーはより専門的かつ詳細な情報を効率的に得ることができます。例えば、学術、ニュース、レビューなど、特定の分野に焦点を当てた検索ができるため、質問の意図に合った回答を迅速に得ることができます。

▼図7-4-9　フォーカス機能を使う

7.4 Perplexityの使用実践例

　例えば、専門的な意見を聞きたい時は、「学術」をクリックすると、学術論文のみを参照し回答をしてくれます。

　事例として、青汁の成分について、学術にしぼって聞いてみます。

▼図7-4-10　青汁の成分について、学術モードで質問

▼図7-4-11　学術モードの回答

よく見ると、参照元の表示がありません。Webモードでは同じ質問をすると参照元が表示されますが、学術論文に比べその科学的な信憑性には多少疑問が残ります。正確で最新の情報が必要な場合には、「学術」モードを使う方がよいでしょう。

その他のフォーカス機能も有能ですが、無料版の場合、基本モデルがGPT-3.5ということもあり、ライティングのスピードは速いですが、有料版のモデルと比べると仕上がりに物足りなさを感じます。

最後に、使い方としては、次の2つが有効と考えます。

❶純粋に調べもので使用する
❷Web上のコンテンツを再利用

例えば、自社のHPなどを参考にしながら、さらに派生した記事を書かせるなどの作業を行うことで、特にChatGPTと比較すると手直しが激減します。

ChatGPTは、『文脈(背景)』といった事前情報を組み入れたプロンプトでなければ、どこに到達するか分からない怖さがあることに対して、Perplexityは、事前情報をネットから拾うことで誤差を少なくすることができます。

つまり、『文脈(背景)』のプロンプト要素を判別できる最小限でおこなうことができるようになるということです。

7.5 Claudeと Perplexityの使い分け

● **この 節 の 内 容** ●

▶ ClaudeとPerplexityの特徴と使い分け
▶ AI発展に伴う倫理的課題と社会的影響

● ClaudeとPerplexityのWeb ライティングのための使い分け

ClaudeとPerplexityは、Webライティングに活用できる優れたAIツールですが、それぞれに特徴があり、用途によって使い分けるのが効果的です。

使い分けの具体例❶ トレンド記事の執筆

Perplexityを使用するとよいでしょう。最新のデータから回答を生成するため、トレンドや時事ネタを含む記事の執筆に適しています。

例

「2024年の人気スマートフォンランキング」という記事を書く場合、Perplexityを使用して最新の販売データや口コミ情報を収集し、記事の骨子を作成

使い分けの具体例❷ 専門的な解説記事の執筆

Claudeの方が適しています。複雑な概念を理解し、詳細な説明を生成する能力に優れているためです。

> **例**
>
> 「量子コンピューティングの仕組みと未来」という記事を書く場合、Claudeを使用して技術的な解説を生成し、読者に分かりやすく説明する文章を作成

使い分けの具体例❸ SEO対策を含むブログ記事

PerplexityとClaudeを組み合わせて使用するのが効果的です。

> **例**
>
> 「効果的なSEO対策の方法」という記事を書く場合、まずPerplexityで最新のSEOトレンドや統計データを収集。次に、Claudeを使ってこの情報をもとに詳細な解説と実践的なアドバイスを含む記事を生成し、最後に、人間が編集して最終的な記事に仕上げる

使い分けの具体例❹ 製品レビュー記事

Perplexityで最新の製品情報や口コミを収集し、Claudeでそれらを分析して詳細なレビューを作成するという組み合わせが効果的です。

> **例**
>
> 「最新スマートウォッチ比較レビュー」を書く場合、Perplexityで各製品の仕様や実際のユーザーレビューを収集し、Claudeでそれらの情報を分析して、製品間の比較や推奨ポイントを含む詳細なレビュー記事を生成

7.5 Claude と Perplexity の使い分け

これらの例から分かるように、Claude、Perplexityはそれぞれの強みを活かして使い分けることで、より質の高いWebライティングに改善できます。最新情報の収集にはPerplexity、深い分析や長文生成にはClaudeを使用するなど、目的に応じて適切なツールを選択することが重要です。

●進化に伴うＡＩの倫理的問題と社会的影響について

最後に、第1章でも触れましたが、再度、生成AIに共通する主な倫理的問題を明記します

データプライバシーとセキュリティ

生成AIは大量のデータを処理するため、個人情報の保護が重要な課題となります。ユーザーデータの収集、保存、利用に関する透明性の確保とデータ漏洩リスクの管理が必要です。

バイアスと公平性

AIモデルは学習データに含まれるバイアスを反映する可能性があり、特定のグループに対する差別的な結果や偏った情報提供につながる恐れがあります。

透明性と説明可能性

AIの意思決定プロセスが不透明だと、ユーザーの信頼を損なう可能性があります。AIシステムの判断根拠を説明できる「説明可能なAI」の開発が求められています。

誤情報の拡散

AIが生成する情報の正確性を常に保証することは難しく、誤った情報や「ハルシネーション」（存在しない情報の生成）が発生した場合、社会に悪影響を及ぼす可能性があります。

雇用への影響

　AIの能力向上に伴い、特定の職種が自動化される可能性があり、労働市場の変化や失業率の上昇といった社会経済的な問題が生じたり、逆に新たな仕事が生まれる可能性もあります。

依存性と人間の能力低下

　AIへの過度の依存は、人間の批判的思考能力や問題解決能力の低下につながる危険性があります。

責任の所在

　AIが重要な決定を下す場合、その結果に対する責任の所在が不明確になる可能性があります。

　これらの倫理的問題に対処するためには、AI開発者、企業、政府、そして社会全体が協力して、適切な規制やガイドラインを策定し、継続的な監視と改善を行っていく必要があります。

　今後、利用者も巻き込まれる法的問題に発展する可能性はゼロとは言い切れません。

　便利さだけを求めるのではなく、私たち一人一人がＡＩの倫理的問題にもしっかり向き合っていくことが大切です。

索　引

A

Anthropic 226
Artifacts 237

B

Bing 181,182

C

Canva 200
Chat Hub 62
ChatGPT 15,178
chromeに追加 145
Claude 226
Claude 3シリーズ 226
Copilot 18,181
CRUD 167
CSS 154
CTR 106

D

DALL-E 3 188
DeepL 50
description 108
Diagrams ?Show Me? for
　　Presentations, Code, Excel 70

E

editGPT 142

G

Gemini 17,180
GPT-4 181
GPT-4o 181

H

h1タグ 118
headタグ 109
HTML 154

I

Imagen 3 190
Instagram 200

J

JavaScript 154

N

New Thread 246

O

OpenAI 15
OpenAI Platform 51

P

Perplexity 240
Prompt Engineering Guide 50

S

SearchGPT 54

索 引

SEO 106
SERP 105
SNS 投稿 197

T
title 105

W
Web ブラウジング機能 181,182

あ行
アイデア出し 65
アイデアの深堀り 72
アウトライン 128
一貫性 150
インタラクティブ機能 162
音声入力 182

か行
回答の再生成ボタン 138
拡張機能 142
カジュアルな表現 138
カスタム GPT 69
画像生成 187
キーワード調査 84,207
キャッチコピー 216
キャプション 199
競合分析 90
クリック率 106
クロージングコピー 217
形式 49
結果について 131
検索意図 96

検索エンジン最適化 106
検索結果 105
検索ボリューム 89
校閲 207
校正 139
コード修正 166
コード生成 154
コードレビュー 157
コピーライティング 216
コンテンツの基本原則 96

さ行
最新情報 181
サイズの変更 193
参照元 180
章立て 112
情報の階層化 99
推敲 213
スタイル 139
スニペット 108
スマホアプリ 184
セクション 112
草稿 126
ソース 249

た行
タイトルタグ 105
対話型検索エンジン 241
定型的なコード 169
データベーススキーマ 169
天秤 .AI 62
トーン 33,133
読者のニーズ 96

259

索 引

トピック選定......................................207

な行

ナビゲーションバー.............................161

は行

ハッシュタグ......................................199

ハルシネーション..............................256

ファクトチェック..................................32

フォーカス機能..........................241,251

ブレインストーミング..........................66

プロサーチ機能.................................241

プロンプト..45

文体..133

文法..139

文脈..53

ペルソナ......................................79,198

ボディコピー......................................217

ま行

マインドマップ.....................................71

マルチモーダル..................................182

見出し..117

メールマガジン..................................206

メタタグ..108

ら行

リアルタイム情報................................52

類似コンテンツ..................................130

あとがき

　本書を最後までお読みいただき誠にありがとうございます。

　現代は、AI技術が飛躍的に進化し、私たちのライティングや情報収集の方法が劇的に変化しています。
　ChatGPT、Gemini、Copilotといった生成AIツールは、それぞれが独自の強みと特徴を持ち、私たちの創造性を拡張する強力なパートナーとなっています。

　本書で最もお伝えしたかったのは、1章6節で述べた「『知る』から『理解する』への使い方」です。
　情報をただ取得する「知る」段階から、その情報をつなぎ合わせ、論理的に考え、原理や概念を把握する「理解する」段階へと進むためには、単一のAIツールに頼るのではなく、複数の生成AIを横断的に活用し、相互に補完することが不可欠です。

　各AIツールには得意分野と不得意分野があります。例えば、最新のGoogleの情報を反映させたい場合はGeminiを、Bingの情報や既存コンテンツの分析を組み入れたい場合はCopilotを選ぶと効果的です。
　また、0から1を生み出すアイデア出しにはChatGPTが適しています。SEO対策が必要な場合は、Googleのアルゴリズムに精通したGeminiに頼ることが賢明でしょう。

　重要なのは、タスクや目的に応じて最適なツールを選択し、その時々で柔軟に「選手交代」を行うことです。
　これはまさに野球のチームプレイに似ており、各選手（AI）の特性を理解し、適切に配置する監督（私たち）の役割が求められます。一人の強打者だけでは勝利できないように、一つのAIツールだけでは最高の成果を生み出すことは難しいのです。

また、PerplexityやGensparkといった検索連携型の生成AIも活用の幅を広げていますが、これらはウェブ上の情報の質に大きく依存します。情報が不正確であったり不足している場合、それらのAIは期待した成果を上げられないこともあります。だからこそ、AIの長所と短所を理解し、適切に組み合わせて使うことが重要です。

　また、自動車が同じでも、それを操るドライバーの技術や経験によって、その走行性能は大きく変わります。
　同様に、同じモデルを使用していても生成結果はツールごとで微妙に異なります。

　例えば、同じDall-E3を採用しているCopilotとChatGPTにおいても、同じプロンプトを入力したにも関わらず、結果において、若干の差が生じることがあります。
　これらの違いを理解し、目的に応じて最適なツールを選択することが、これからのAI時代におけるライティングスキルの一つとなるでしょう。

　このように、単一でAIツールを使用する時代は終焉を迎えつつあるということです。
　それぞれの特性や限界を理解し、用途に応じて適切に活用することが重要です。

　本書が、新たなライティングの可能性を開拓するための指針となれば幸いです。

2024年10月
瀧内 賢（たきうち さとし）

●著者紹介

瀧内 賢 (たきうち さとし)

株式会社セブンアイズ　代表取締役
本社：福岡市　　サテライトオフィス：長崎2拠点、広島

SEO・DXコンサルタント、集客マーケティングプランナー

・All Aboutの「SEO・SEMを学ぶ」ガイド
・宣伝会議　Webライティング講師

・福岡県よろず支援拠点コーディネーター
・福岡商工会議所登録専門家
・福岡県商工会連合会エキスパート・バンク 登録専門家
・広島商工会議所登録専門家
・熊本商工会議所エキスパート
・長崎県商工会連合会エキスパート
・大分県商工会連合会派遣登録専門家
・公益財団法人福岡県中小企業振興センター専門家派遣事業登録専門家
・佐賀県商工会連合会登録専門家
・摂津市商工会専門家
・熊本県商工会連合会専門家派遣事業専門家
・佐賀商工会議所専門家派遣事業登録専門家
・鳥栖商工会議所専門家派遣事業登録専門家
・小城商工会議所専門家派遣事業登録専門家
・唐津商工会議所専門家派遣事業登録専門家
・くまもと中小企業デジタル相談窓口専門家
・広島県商工会連合会エキスパート
・鹿児島県商工会連合会エキスパート
・山口エキスパートバンク事業登録専門家
・北九州商工会議所アドバイザー
・久留米商工会議所専門家
・宮崎商工会議所登録専門家

著書に「これからはじめるSEO内部対策の教科書」「これからはじめるSEO顧客思考の教科書」（ともに技術評論社）、「モバイルファーストSEO」（翔泳社）、「これからのSEO内部対策本格講座」「これからのSEO　Webライティング本格講座」（ともに秀和システム）、「これだけやれば集客できる はじめてのSEO」（ソシム）、「これからのWordPress SEO内部対策本格講座」「これからのAI×Webライティング本格講座 ChatGPTで超時短・高品質コンテンツ作成」「これからのAI × Webライティング本格講座 画像生成AIで超簡単・高品質グラフィック作成」「これからのAI×Webライティング本格講座 GPTsで効率化・高品質AIチャット作成」（ともに秀和システム）がある。
ChatGPTなどDX関連セミナー・研修はこれまで300回以上。月間コンサル数は平均120件。

※本書は2024年10月現在の情報に基づいて執筆されたものです。
本書で取り上げているソフトウェアやサービスの内容は、告知無く変更になる場合があります。あらかじめご了承ください。

これからのAI×Webライティング
本格講座　超効率ChatGPT/Gemini/Copilot分担術

| 発行日 | 2024年 11月 25日 | 第1版第1刷 |

著　者　瀧内　賢

発行者　斉藤　和邦

発行所　株式会社　秀和システム
　　　　〒135-0016
　　　　東京都江東区東陽2-4-2　新宮ビル2F
　　　　Tel 03-6264-3105（販売）Fax 03-6264-3094

印刷所　三松堂印刷株式会社　　　　Printed in Japan

ISBN978-4-7980-7371-2 C3055

定価はカバーに表示してあります。
乱丁本・落丁本はお取りかえいたします。
本書に関するご質問については、ご質問の内容と住所、氏名、電話番号を明記のうえ、当社編集部宛FAXまたは書面にてお送りください。お電話によるご質問は受け付けておりませんのであらかじめご了承ください。